U0029886

文案力 就是 你的 鈔能力

鄭緯筌 —— 著

寫作教練 Vista 教你
打造熱銷商品、
快速圈粉的文案密碼

目次（**Contents**）

推薦序

文案力就是競爭力

王永福◎頂尖企業簡報與教學教練，《上台的技術》、《教學的技術》等書作者

文案力不只是超能力，而且是每個人必備的競爭力。也許你會想「真的假的？！有這麼重要嗎？」，讓我分享一下自己的經驗。

剛創業時，公司網站是自己做的，當然網站內容從公司簡介到產品介紹，每一篇都要自己寫，這是客戶跟公司的第一接觸，字字句句都非常重要！當初，為了這些介紹文案我想了好久！如果能早一點看到 Vista 這本書的第 8 章，就不會花那麼多時間，想破了頭還擠不出來。

後來公司開始有一些課程需要招生，每一陣子我就要寫一篇招生文案。如何在幾百字之內呈現出課程特色，讓大家能在 1分鐘之內讀完，並吸引報名……同樣地，真的每篇招生文案都要殺掉我很多腦細胞啊！如果能夠早一點學會本書的第 4 章——應

用 FABE 銷售法則的公式，這樣一定能寫得更有頭緒。

教育訓練的顧問工作慢慢穩定後，我仍然持續寫作並開始書籍的出版，寫著寫著——到現在已經出版了 8 本書。過程中，當然我也會遇到靈感枯竭的問題。這一點書裡面也貼心地附上了「給未來寫作者的備忘錄」，教大家如何持續保持寫作靈感，裡面的方法也跟我使用的做法有異曲同工之妙。甚至連怎麼下一個好標題（第 7 章），以及寫完的作品如何被看見（書中提到的 SEO 思維），這本書全部都涵蓋了！

當然，我寫這篇推薦序，倒不是要幫大家導讀全書。而是想讓大家知道，要想擁有競爭力，一定要先磨鍊好自己的文案力！這不是口號，而是一直發生在我身上的事實。像是在 2020 年 7 月，是我《王永福教學的技術：翻轉課堂的職業講師祕訣》線上課程募資的最後一天，但是當天我全天有課，根本無法進行任何推廣活動；最後我在上高鐵前，有感而發地寫了一篇文案，然後就進教室了。結果下課時一看，這篇文章在一天內帶來超過 1,000 個客戶，創造了 300 萬元以上的銷售成績！這真的證明了文案力的重要性啊！

先睹為快後，我覺得這是一本理論與實務兼具的好書。認識 Vista 超過 10 年，知道他在文案跟編輯方面非常專業，每次我

的文章或書籍出版，他總是能給我許多特別又仔細的觀點。相信在他文字的帶領之下，讀者們一定也能學好文案力，擁有職場的超能力！

　　誠心推薦！

推薦序

如何練就一流文案力？
總是換位思考，並輸出跟自己的對話！

楊斯棓◎醫師，《人生路引》作者

知名的寫作教練 Vista 寫了一本好書，試圖幫你鍛鍊文案力。

沒把握寫文案的人，他的方法論跟成功經驗將讓你壯膽。

對文案有幾分把握的人，他讓你下筆更有方向，作品將更吸睛。

好的文案可以帶來合理、甚至是超乎想像的收入，Vista 稱之為「鈔能力」。

成功介紹一本書讓人購買，博客來分潤銷售額的 4%。

成功介紹一堂課讓人購買，Hahow 分潤銷售額的 10％。

一流建商的文案，也只會找一流人才，文案精準得人心，建案及早完銷，公司財務更健全，才有底氣持續蓋出好宅。

以前的時代：「酒香不怕巷子深」，現在釀酒、賣酒變得容易，百酒爭鳴，所以這時代已經變成「酒香也怕巷子深」，那怎麼辦？答案就是文案力，它就是讓受眾仍願意走進巷子找你消費的關鍵原因之一。

全台住宅自有率將近八成，591上很多屋主親自撰文售租，文案卻慘不忍睹，拉拉雜雜寫一堆，卻沒有租客或買家最需要的關鍵訊息。

譬如說學區套房的租客最在乎什麼？機車停哪、電費怎麼分算、租金有沒有包管理費、幾號收租、弄丟鑰匙責任歸屬、冷氣機壞了需要修、修不好需要換的時候怎麼辦等。

如果文案詳細告知社區方便停車、分算公平、租金公道、弄丟鑰匙房客負擔開鎖費用、冷氣非人為破壞房東全額負責並載明契約，試問這房能不秒租嗎？

屋主若首度自售，文案寫爛尚情有可原，但有些建商的文案一樣令人絕倒，說社區有游泳池，但是故意不寫明幾戶共享，也略過深淺。

如果得知千戶共享，試問買方會不會退燒？

如果池淺如足湯，試問買方會不會打退堂鼓？

寫文案首重誠實，如果取巧誆人，絕不可取。

街頭巷尾有許多早餐店，您若是店家，該如何脫穎而出？

一塊小黑板，每天一句話祝福往來路人或彰顯店裡的招牌餐特色，怎麼會沒辦法多留住幾位過路客？

可以把美好傳遞給周遭的能力，就是文案力。

這份美好，可能是你專業上的美好，也可能是世間的美好，藉此文案，引人欣賞美好。

Vista 不厭其煩地提醒大家，文案力跟堆砌辭藻無關，文案力也不是講究文學創作的能力。

這讓我想到許多電商的海鮮直播現場，直播主的背板或是台詞，可以說無一丁點文學味，可是屢屢創下驚人業績，為何？他們總能在最短時間內明白揭示好處給消費者。

累積了一定的信用後，當然更能聚眾消費，再創銷售佳績。

恰如其分地把好處傳達給對方的能力，就是文案力。

假設有一個社區，半夜開車五分鐘可以到高鐵，但是白天平均要十五分鐘。

文案若說住家五分鐘到高鐵站，則是訛詐。

明白揭示十五分鐘到高鐵站，則是一份誠實的文案，誠實駛得萬年船。

一個 Brita 濾水壺，不用一千字可以把它的功能介紹完，會買單的就是會在各通路買單。

但一個人，每天用一千字去講他，可能也介紹不完。

我講的其實就是你，一千字應是算不上負擔的篇幅，每天都該寫一篇，留給明天的你回顧今天的你遇到了哪些美好，學習了什麼，又用專業幫助了誰。

讀這本書之前，我還不太確定究竟哪些人需要這本書。

讀完書後，我很確定，從小學中年級，到仍在工作崗位上的朋友，或雖退休但還在寫臉書的朋友，針對閱讀與書寫，本書能幫您直指重點、突破盲點。

Vista 一直提醒我們活在一個「搶眼球」的時代，注意力容易被種種新奇科技搶走，因此，我們自身專業若佐以文案力，更有機會搶走潛在客戶的眼球。如果您對 Vista 這本好書很有感，也順勢推薦您《注意力商人》這本書。祝福您學習愉快！

推薦序

好用的框架思維，讓你構思文案立即上手！

趙胤丞◎知名企管講師，《小學生高效學習原子習慣》、《拆解心智圖的技術》、《拆解考試的技術》、《拆解問題的技術》等書作者

好朋友 V 大又要出版新書，一直以來都非常敬佩 V 大可以寫出這麼多本精彩好書，我還是會好奇到底 V 大是怎麼練就這麼精實寫作的底蘊功力？結果在本書第一章與第二章中，V 大就系統化地為我們整理分享了，文中說明逐漸消除我們寫作的疑慮與困境，並不斷鼓勵、給予我們開始嘗試下筆的勇氣，讀完之後我覺得心裡面暖暖的，有種躍躍欲試寫作的動力生成。

就本書的書名來看，它是一本跟我們分享如何撰寫文案的書籍，只是依我的拙見，我覺得可以換個角度來看，把本書當作是職場簡報、溝通書籍來看待，為什麼呢？因為本書中提到很多內容都是如何精準描述你的受眾，並掌握受眾的需求與期待，進而讓受眾產生共鳴，並促使受眾產生行動。這一連串的過程，不就是簡報溝通書籍在談的如何讓聽眾產生共鳴與行動嗎？雖然不同

領域，但我總能在Ｖ大文章中讀到異曲同工之妙。

　　所以說，如果職場人士學會文案，在關鍵時刻運用簡報表達能力與文案撰寫能力，相信絕對可以讓你的職涯發展更加順遂！

　　本書內文中介紹很多好用的框架思維，像是寫作三元素、掌握顧客樣貌之三大策略、FABE銷售法則等等，都是你一邊讀書、一邊可以馬上實際應用出來的好工具。如果可以的話，誠摯推薦你趕緊入手這本書，並且把它擺放在你辦公桌旁最顯眼之處，因為你絕對會經常拿起來翻閱拜讀，是一本讓你可立即上手的文案構思寶典。

　　很佩服Ｖ大撰寫的文字非常洗鍊又到位，而且每一個章節最後都會提供重點整理，每章節也都有本章小節，不只重點提示，還協助讀者串連思維邏輯，可見Ｖ大的用心。如果將重點作成表格，其實說這本書就是一門精實的文案課程，也不為過。

　　剛好最近協助家中趙媽媽的腰果脆糖事業（https://www.168nut.com.tw），也需要撰寫新的文案，就覺得這本新書來得正是時候！有幸承蒙Ｖ大信任，讓我有機會提早拜讀相關內容，我就從本書中的案例找到不少靈感，並且寫出自覺還不錯的文案，真是感謝Ｖ大整理精鍊出新書的寶貴內容。

　　整本書讀到最後還有驚喜彩蛋給大家，附錄是一篇「給未來寫作者的備忘錄」，整理了很多給寫作者的提醒與建議，讀完覺得十分受用。如果你缺乏靈感，卻又想要把文案搞定，誠摯推薦你這本新書！

現在是學習寫作最好的時機

　　時光匆匆，距離我的上一本書《內容感動行銷》付梓出版，轉眼間快要過了三年。以人生數十寒暑來說，區區三年或許算不上什麼，然而這三年的光景，不只是對我有不同的意涵，相信對大家來說，也是一段難忘的時光吧？

　　雖然此時疫情方興未艾，但我毋寧相信快要可以看見遠方的曙光了。能夠在這個時間點出版新書，我的內心充滿感恩。我要感謝出版社的編輯團隊，也要感謝我的家人、粉絲、讀者朋友以及寫作課的同學們。

　　過往，我曾當過網路公司的產品經理、製作人，也在媒體擔任主編、總監。近年來，我以企業顧問、職業講師與專欄作家的身分走跳江湖。這些性質迥異的工作經驗，有助於我深入了解不同產業的面向，所以也時常有許多朋友找我諮詢文案寫作或內容行銷的相關議題。

　　眾所周知，當今最有效的行銷方法就是要能夠幫客戶解決問

題或是帶來具體的利益。所以，我希望藉由這本新書，可以幫助大家重新認識寫作，順利踏上征程。

撰寫本書的起心動念，其實很簡單。近年來，我在許多公部門、企業與大學院校講授有關文案寫作、內容行銷的課程，也因為這個機緣，讓我得以理解許多人對於寫作的困惑與需求。

對我來說，寫作是與生俱來的興趣，甚至是目前賴以為生的技能之一。但我也清楚，並不是每個人都喜歡寫作、或者可以透過文字精準表達自己的觀點。

所以，這些年來我不但在許多政府機關、企業和學校講課，也從 2019 年元月推出「Vista 寫作陪伴計畫」，希望可以陪伴更多的夥伴們精進寫作。

曾有某位「Vista 寫作陪伴計畫」的夥伴告訴我，這兩年她已經買了超過十本以上的寫作書籍。的確，坊間著實不缺相關書籍，那麼為何我還要寫這本書呢？

道理很簡單，因為我發現：坊間的寫作書籍汗牛充棟，其中也不乏佳作，但某些書籍光是大談理論和套路，卻因為不夠理解讀者朋友們所遇到的寫作瓶頸，所以能幫上的忙似乎有限。如此一來，許多人一聽到寫作還是感到頭皮發麻、躊躇不前。

　　所以，這回著手寫書，我就希望能夠突破這個瓶頸。以本書來說，內容集結了我在各地授課的精華；而書中所提到的某些案例與場景，很多都是取材自我和學生們的真實互動。換言之，我相信本書應可相當程度地反映出職場人士的寫作需求與現況。

　　身為一位寫作教練，我衷心期待：當你看完這本書之後，可以鼓起勇氣開始寫，從此不再畏懼文案寫作。同時，也歡迎你加入我所開設的內容力學院，如此一來，所有的寫作問題自然能夠迎刃而解。

　　和我同年的牛津大學經濟學博士丹比薩‧莫約（Dambisa Moyo），曾被《時代》雜誌評為「全球 100 位最具影響力人物」之一，她在《Dead Aid》一書中曾提到：「以現在的角度看，種下理想的決心應該在十年前；但以未來的角度看，現在也是。」

　　為何我說現在是學習寫作最好的時機呢？一來，我始終覺得只要有心學習新事物，永遠不遲！就好比最近看到一則新聞，日本有位高齡 91 歲的森浜子女士，就被金氏世界紀錄認證為「世界最年長的遊戲 YouTuber」。話說回來，如果連 91 歲的奶奶都能夠鼓起勇氣當一位 YouTuber，那麼你還有理由拒絕學習寫作嗎？

　　二來，溝通表達的能力在後疫情時代更顯得重要；在許多工

作事務、活動都轉到線上進行的時候，你更需要卓越的文字能力來表達自己的觀點。如果你來不及在十年前就開始寫作，那麼現在學習寫作，我覺得也正是時候！

　　是的，我想邀請你加入寫作的行列，希望你可以從閱讀本書的過程中，理解寫作的訣竅與樂趣。

　　最後，我也準備了幫助讀者朋友更加方便精進文案力的相關資源，其中還包含賴麗淳小姐所精心繪製的全彩圖卡。歡迎購買本書的讀者朋友們參考，希望你會喜歡。

本書的數位學習資源頁面：

https://bit.ly/vista-copywriting

鄭緯筌

https://www.vista.tw

第 1 章

走出迷霧森林，不再害怕寫作

提綱

本章點出一般人常遇到的寫作盲點，

讓你不再視寫作為畏途！

本章要點

1. 第一個盲點，把寫作這事想得太困難。

2. 第二個盲點，把寫作當成了作文比賽。

3. 第三個盲點，寫不出強而有力的訴求。

跟 Vista 一起學寫作，讓你擁有變現的「鈔能力」。

謝謝你從芸芸書海中購買了這本書，也開啟了我們之間的緣分。從現在開始，請讓我擔任你的專屬寫作教練；接下來，就讓我陪伴你一起來加強文案力吧！

近年來，我常在兩岸三地許多民間企業、公部門和大學院校講授有關文案寫作、內容行銷等課程。身為一位專門教寫作技巧的老師，我很能夠理解大家對於寫作的迫切需求，也深知許多朋友對寫作所感到的畏懼。值得慶幸的是透過我的課程、講座，都能讓這些學員順利突破學習的瓶頸，也重新愛上了寫作。

說到寫作，我和它有不解之緣。從小我就很喜歡閱讀和寫作，曾經出版過小說、電腦書、人物傳記與商管書籍，後來又曾在臺灣幾家知名媒體任職，擔任主編、總監等工作，讓我同時具備創作者、記者與編輯的多重身分。

這回，我將集結過往的教學精華，打造成一本專門講授文案寫作技巧的書籍，不但幫助你快速理解寫作原理，更要教會你如何簡單、快速又有效地寫作。同時，我還希望幫助你把寫作技巧應用在平時的工作與生活場域之中，進而達到升遷、變現等多元目的。

我把過去二十年的寫作與教學經驗匯聚在本書中，讓你不

只能夠精進寫作技巧，更可以迅速得到一套完整的內容產製體系，從此擺脫對於寫作的畏懼與不確定性，進而擁有變現的鈔能力！

在本書第一章，我想先來跟大家談談多數人都會遇到的寫作盲點。

現在，請你先回顧一下自己過往的寫作經驗。嗯，如果你願意的話，或許可以閉上雙眼好好沉思一番。

以下是很多人都遇過的寫作誤區，你是否也曾踩過坑呢？

第一個盲點，把寫作想得太困難。

第二個盲點，把寫作當成作文比賽。

第三個盲點，寫不出強而有力的訴求。

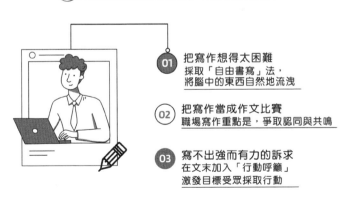

接下來，讓我逐一來為你解說吧！

為何你總是腸枯思竭沒靈感？

　　讓我們先來說說寫作的第一個盲點，很多人以為大學畢業之後，就可以擺脫作文的束縛、從此高枕無憂了。有些朋友誤以為可以很開心地跟寫作說掰掰，往後不用再寫作文了，其實這是大錯特錯呀！

　　你應該不難發現，當自己進入職場之後，不管從事哪個行業，接觸到寫作的機會，反而會比學生時代來得更多、頻率也更高。話說回來，從每個人都會碰到的會議紀錄、工作週報到撰寫商品文案、企畫書與簡報，這些都是上班族常需要接觸的工作任務，每一項也都跟寫作脫離不了關係。

　　以往在一些企業從事培訓時，就有不少學員在下課時跑來問我：「老師，我該怎麼學寫作呢？明明已經搜集了很多素材，但每次一打開電腦就感覺腦筋一片空白、提筆千斤重呀！」

　　是啊，我知道大家時常遇到類似的狀況。我也當過員工，很清楚每當主管交代要寫一篇報告、企畫案或商品文案時，很多人一聽到立刻覺得天旋地轉，甚至感到呼吸不順、頭皮發麻；

再不然，就是對著電腦發呆老半天，卻總是覺得自己沒有靈感，怎麼樣都寫不出東西來。

根據我多年在業界與大學院校的教學經驗來看，其實很多人不是不會寫作，而是犯了「把寫作想得太難」的毛病。有些朋友誤以為既然要寫文章，就一定要旁徵博引、出口成章，其實不然。因為職場寫作本來就有別於傳統的文學創作；換句話說，光是妙筆生花還不夠，我們更需要透過文字的傳達爭取對方的認同與共鳴，這才是職場寫作最要緊的事情。

在這裡跟你分享一個真實案例，我曾經有一個學生叫雅美。她本身是一位媽媽，小孩還在襁褓中，同時也是一個朝九晚六的上班族。她在北部某家中小企業擔任電話客服，下班之後還要忙家務和照顧小孩……在我看來，她就像是個轉動不停的陀螺，可想而知工作壓力很大，生活也非常忙碌。

但是，她基於學生時代對於寫作的憧憬，以及想要跟朋友們分享生活點滴的想法，雖然面對龐大的生活壓力，卻又不想輕易地放棄自己的夢想，所以還是硬著頭皮來報名我的寫作班。

一開始，她完全跟不上進度，也搞不清楚什麼是起、承、轉、合，更別提寫出來的文章慘不忍睹，短短幾行字感覺像是勉強拼湊而成，壓根兒沒有段落和邏輯可言，連我都開始替她擔心了！

　　但我還是鼓勵她先不要想太多，別把寫作當成太神聖或太了不起的事情，只要平時多加觀察日常生活中發生的事物，也仔細傾聽同事或親友在討論的各種新聞話題，然後再把這些東西按照自己的想法一股腦兒地寫下來，自然就能慢慢抓住寫作的感覺了。

　　經過一番懇談，雅美終於聽從我的建議，決定暫時拋下心中的不安與顧慮，開始抓住機會就大量練習觀察與書寫。她跟老公商量好，每天抽出半小時的空檔，心無旁鶩地開始寫東西。

　　她利用小孩睡著之後的短暫時光練習寫作，就這樣寫著寫著，才過了短短三個月，她寫出來的文章就讓人改觀，有非常大的進步。儘管她一開始很沒自信，寫的主題也都只局限在生活層面的話題，但這樣一步一腳印地前進，居然也讓雅美慢慢地寫出興趣來了。後來，她開始經營自己的自媒體，每天都有不少人上去按讚和留言；甚至，最近也有幾家廠商想要找她寫業配文或慫恿她當團媽，開始踏上變現之路了！

　　從雅美的案例，相信你不難發現：即便只是一個普通的上班族，也沒有顯赫的學經歷，對寫作更是完全沒有基礎可言，但是只要找到正確的方法，再加上大量的刻意練習，同樣能夠寫出自己的一片天。嗯，這聽起來是不是很棒呢？

我教雅美的第一個方法，並非大量地背誦與記憶名言佳句，而是採取所謂的「**自由書寫**」（**Free Writing**）。簡單來說，這是一種卸下心防、放飛自己腦中思緒的好方法，只要針對特定的主題，以最快的速度振筆疾書即可。當我們專注地寫出各種想法時，往往會得到出乎意料的好結果、或是讓人拍手叫好的絕佳創意！

乍聽之下，「自由書寫」好像很酷，但似乎又跟傳統寫作有點兒不同？或許，你會暗自揣想：這聽起來似乎有點道理，可是寫作不是一件很嚴肅的事情嗎？真的能夠天馬行空地胡亂發揮創意嗎？

嗯，答案當然是肯定的。

以雅美的例子來說，以前她一聽到要寫作，不是感到頭皮發麻，不然就是沒有信心。等她好不容易作好心理準備，一打開電腦卻總是腸枯思竭，頻頻卡關也擠不出幾個字。於是，她一邊寫、一邊反覆修改，甚至才剛開頭寫了幾句話，就覺得文不對題，不符合自己的預期……如此一來，不但磨掉了自己對於寫作的熱情，更慘的是文章永遠也寫不完！

其實，寫作並沒有那麼複雜，你可以把「自由書寫」視為寫作前的暖身運動。換言之，在寫作的過程中先不要拘泥於形

式，也毋須在意對錯或是想著要編輯、修改文章，而是盡可能地讓各種想法透過筆尖自然地流洩。

《自由書寫術》一書的作者馬克・李維（Mark Levy）就曾經說過：「靈感不是一種天賦，而是一種練習。只要你能善用原本已在腦中的東西，就能將思緒的原料變成實用、甚至是非凡的點子。」

更有趣的是，「自由書寫」的世界裡存在一個定律：當你放下戒心，寫出一堆垃圾時，最有創意的點子往往藏身在這堆垃圾之中。

甫於 2021 年過世的美國畫家、攝影師查克・克洛斯（Chuck Close）也曾說過：「所有最好的想法，都來自於過程。」所以，當你開始書寫之際，也就踏上了自主思考的征程。透過寫作，不但會讓思考更加縝密，也能夠幫助你說出完整的故事。

說到這裡，我想鼓勵你盡可能地傾瀉腦中的想法，先不用擔心文筆或靈感的問題，只要用平易近人的文字寫下自己的生活故事就好了。當你的思緒可以不受限制地飛舞，自然也就能夠寫出精彩奪目的人生篇章了！

為何你的文案無法打動人心？

接下來，讓我來談談寫作的第二個盲點。也許是我們從小看過太多所謂的「模範作文」，大家容易受到那些樣板文章的誤導，以至於很多朋友一聽到要寫作，就會以為自己寫出來的文章非要妙筆生花不可。

其實，以我們大多數人時常涉獵的職場寫作來說，不管是要達到銷售、說服等目的，終究必須與人溝通，要讓對方能夠迅速理解我們內心的想法。**職場寫作有別於文學創作，重點在於爭取認同與共鳴**；所以，你真的沒有必要把生活或工作場景中所遇到的寫作需求，都當成作文比賽來看待哦！

以往我在教文案寫作的時候，看過很多人絞盡腦汁，拚命堆砌華麗的辭藻……嗯，這會發生什麼後果呢？那就是你寫了半天，儘管文章看起來很華麗，但是內容卻很空洞；更慘的是寫了大半天，客戶卻因為看不懂你想要表達的重點而不買單！

我在前面提過，職場寫作和文學創作雖然都是透過文字來

溝通、表達，但還是有很大的不同。我們以前所讀過的那些經典文學作品，都是作家們的嘔心瀝血之作。他們為了追求文學價值而投入很多的心力，也唯有作品精彩、耐看，才會讓很多讀者怦然心動、喜歡和主動追捧；但話說回來，行銷人撰寫文案的目的，則多半是為了促進商品銷售和提升品牌形象。這兩者之間，原本就存在本質上的差異。

這讓我想起過去有一位賣保險的學員，我們姑且叫他志明。他的成長故事也很值得參考，現在就讓我說給你聽！

志明是一個很認真的業務員，退伍之後就進入保險業，每天西裝筆挺，忙著在大街小巷推銷保險。回到辦公室之後，他也沒有偷懶，常見他振筆疾書在作拜訪筆記，或是忙著打電話關心客戶。可惜「天道酬勤」這句話並沒有在他身上應驗，儘管每天四處奔波，但志明的保險銷售業績卻始終沒有起色，在公司的業績排行榜時常吊車尾。

志明是一個有心的年輕人，為了要強化保險文案的撰寫能力，也聽了朋友推薦跑來上我的課。我看過他所寫過的東西之後，很快就發現了問題癥結。不難理解志明是一個很認真的年輕人，他也在文案中引用了許多統計數據和成語、典故，看得出來花了很多心思來撰寫文案。可惜的是，他除了在文案中列

舉各種保險商品的功能、優點與特色，卻看不出太多獨特的觀點或有趣的資訊。

我告訴他，如果希望自己辛苦寫的保險文案有人看，那就要先「換位思考」，設法站在潛在客戶的角度，理解這群目標受眾的痛點以及需求。換句話說，志明的問題並不是不會寫、不肯寫，而是思想太傳統、銷售意圖過於明顯，加上寫出來的東西中規中矩，也沒有站在客戶的角度思考，所以遲遲無法獲得青睞。

好比前一陣子引發爭議的防疫保單風波，金管會和各大產險公司各執一詞，卻都沒有站在客戶的角度思考，也難怪被某些民意代表或網友譏諷「輸不起」。

言歸正傳，如果志明能夠利用跑業務的機會順便培養對人性的深刻洞察力，再透過理性、感性相互搭配的方式來溝通、傳達，自然就能夠抓住客戶的心理和需求，進而解決他們所遇到的各種問題。

放眼坊間常見的商品文案，字裡行間都暗藏了不少同步與暗示等元素。同步的主要功能，是為了勾引讀者的生活記憶，讓你的論述與他本人產生直接且強大的連結；而暗示的主要功能，則在於間接地說服讀者，相信你所傳達的觀點。

　　以銷售保險商品來說，我就建議志明可以在文案結尾處加上這麼一段：「正因為人生無常，所以當你永遠不知道意外和明天哪個先來到時，要不要考慮為摯愛的家人買份保險呢？」

　　其實，大家對保險商品並沒有那麼排斥，甚至很多人也都知道保險的重要性。所以，只要具體傳達出可以給客戶帶來的實際好處以及相關保障，甚至能夠適時借助幽默或結合時事、節慶等方式來傳達的話，自然能夠獲得客戶的青睞！

　　後來，志明聽了我的建議改弦易轍，除了持續拜訪與追蹤客戶之外，還時常關心客戶的各種需求，再把他對人性的洞察融入商品文案之中……果然，才花了兩三個月的時間，志明的業績就迅速起飛，獲得爆炸性的成長！

為何你寫不出強而有力的訴求？

接下來，讓我來為你說明寫作時常遇到的第三個盲點，也就是寫不出強而有力的訴求。我在前面有提到，作家在創作時除了追求意義與價值，有時也很重視帶給讀者內容緊湊、精彩又好看的感官刺激；然而，行銷人撰寫商品文案的目的卻大相逕庭，往往是為了促進銷售，兩者之間原本就有很大的差異。

可惜直到今天，還是有很多人一聽到要寫文章，就會立刻打開電腦並且連上 Google，然後開始透過關鍵字搜尋資料。可是即便找到了一堆資料，卻還是不知道文章該怎麼開頭跟結尾；可想而知，他們當然也沒辦法提出有效的行動呼籲。嗯，這實在是太可惜了！

所謂的**行動呼籲（Call to Action）**，簡單來講，就是希望激發目標受眾在看完商品文案之後，可以實際採取某些特定的行動——好比希望社會大眾購買商品，或是捐款、參加活動等等。

常見的行動呼籲文案，像是：立刻購買、馬上報名、了解更多或前往最近的門市……等等；而行動呼籲的圖像化設計，則包括橫幅（Banner）、按鈕（Button）或一般的圖片等。

想要設計有效的行動呼籲，你可以先問自己以下幾個問題：

1. 希望目標受眾做哪些事情？

2. 如何確保目標受眾知道自己該做什麼事？

3. 目標受眾為什麼要接受指令做這些事？

4. 目標受眾採取行動之後，可以得到什麼利益？

換句話說，如果你希望辛苦寫出來的文案能被讀者多看兩眼，甚至可以獲得理想的轉換結果，那就必須好好設計行動呼籲的號召用語。倘若只是用一般的促銷手法或陳腔濫調來宣傳，效果很可能會大打折扣唷！

跟大家分享一個實際的案例，我有一位學員艾琳是經營鋼琴教室的音樂老師，她以前是國內某藝術大學音樂系畢業的高材生，還曾赴美深造。學養豐富不說，她還擁有多年的表演與教學經驗，也得到許多學生和家長們的愛戴。但是她在招生時卻遇到一個很大的瓶頸，那就是儘管過往教學的口碑相當良好，

也有很多舊生持續找她上課，但是卻很難招到新學生。

所以，艾琳特別來報名上我的寫作課，希望我可以為她指點迷津，看看是哪個環節出了問題？我看了一下艾琳分發給社區家長的廣告信之後，立刻指出問題所在。

老實說，艾琳的廣告文案寫得很有內涵，可以感受得到她的音樂素養，以及對鋼琴教學的熱情……但是，如今時代不同了，競爭也非常激烈，光是暢談自己的音樂造詣、學經歷和教育理念，很難打動精明的家長。於是，我建議她要多分享自己的教學心得與獨特的價值主張，以及提供幾個能夠說服這些家長把小朋友送來學鋼琴的有力理由。

簡單來說，想要寫出讓人有感並願意採取行動的文案，未必需要大聲疾呼或努力叫賣，只要經過一些合理的設計，加上表達出自己的誠懇心態，自然就可以獲得大眾的認同，進而達成銷售的目的。

我建議艾琳在撰寫廣告文案時，可以在文末加入有效的行動呼籲。以往我時常使用的一些技巧，在此也與你分享：

第一個方法：為目標受眾整理出他們實際會遇到的問題或瓶頸。

設法讓目標受眾所面臨的問題具象化，自然有助於大家思考和採取行動。試想，如果你在商品文案中只是輕描淡寫地提到「歡迎與我們聯繫」或是「歡迎填寫需求表單」，你覺得讀者就會這麼聽話、主動與你聯繫嗎？倘若沒有任何誘因，大家真的會願意乖乖地填寫報名表單嗎？嗯，這個世界哪有這麼簡單的事，你說是吧？

但是，如果你能夠加入一些場景的設定，多從目標受眾的需求出發，甚至可以再搭配節慶、時事等熱門議題，自然就比較容易引發大眾的關注了。好比我就建議艾琳可以多談談她每年幫學生所舉辦的音樂成果發表會，讓家長和小朋友們可以充分感受到學音樂的樂趣，甚至可以在社群媒體上分享一些發表會的花絮影片，藉此達到吸睛的效果。

第二個方法：幫目標受眾勾勒出他們嚮往的理想人生或事業願景。

有一句話是這麼說的：「人生有夢，築夢踏實」，很多人都對未來的生活或工作懷抱著憧憬。如果我們可以預先幫助目標受眾勾勒出一幅美好的未來藍圖，自然也容易吸引這群人聽從指引，採取相應的行動。

所以，我也建議艾琳不只列出開課資訊，更要善用數據的

力量，在文案中臚列具體的教學成果，像是每年有多少位學生因為她的輔導，而順利考上高中音樂班或大學音樂系，就是很有力道的口碑見證。

本章小結

好了，說到這裡，第一章也進入尾聲了。在本章結束前，讓我們一起來回顧一下重點內容吧！一開始，我為你分析了多數人常遇到的寫作盲點，分別是：把寫作想得太困難、把寫作當成作文比賽以及寫不出強而有力的訴求。

針對第一個寫作盲點，我跟你分享了雅美的故事。身兼上班族與媽媽等多重角色的她，如何從一個完全不懂寫作的素人，藉由「自由書寫」的方式找到適合自己的自在寫作模式，進而寫出自己的一片天。

要知道，所有最好的想法，都來自於過程。因此，當你開始書寫之際，也就踏上了自主思考的征程。所以，我要鼓勵你盡可能地傾瀉腦中的想法，並用平易近人的文字寫下自己的生活故事。透過練習寫作，不但會讓你的思緒更加縝密，也能夠幫助你說出動人的故事。

針對第二個寫作盲點，我以保險推銷員志明的故事為例，

指出許多人辛苦寫了半天的商品文案、卻始終不得要領的苦惱。大家不是太過於在意文案的措辭是否優美，不然就是在文案中自顧自地提出一大堆與商品有關的好康優惠與功能，可惜都無法直指人心。

時序進入二十一世紀，我們已經處在一個資訊爆炸的年代，客戶缺乏的其實不見得是各種情報（畢竟大家都很擅長搜尋），而是可以為他們帶來的實際好處以及相關的保障，這一點值得深思。

針對第三個寫作盲點，我與你分享了音樂老師艾琳的故事，她雖然擁有豐富的教學經驗，也曾經得到很多家長和學生的肯定，但在招生宣傳上還是遇到了瓶頸。

在當今資訊碎片化時代，我們的眼球很容易被五光十色的新奇事物所吸引，大家也容易焦躁不安，更沒耐性聽完長篇大論。即便你寫了一篇很棒的商品文案，但如果沒有刻意鋪陳和設計行動呼籲的話，讀者很可能匆匆看過一眼就離開了！

看到這裡，你應該不難理解——專注力才是我們最珍貴的資產。所以，**若想要打造一個強而有力的行動呼籲，我們需要先抓住目標受眾的注意力。**建議你要把握簡單易懂、明確指示以及簡潔有力等原則，才能打造一個強而有力的行動呼籲。

　　簡單易懂的意思，就是要讓人一目了然，可以很快讀懂我們的指令；明確指示，則是讓目標受眾可以有一個方向可以依循，好比透過信用卡捐款救助孤苦無依的老人、出席慈善園遊會等；至於簡潔有力，則是能夠幫大家節省時間，一來可以避免訪客在瀏覽網頁或文案的過程中分心，二來也可提高銷售的成效和轉換率。

　　本章內容差不多到此告一個段落，現在你都理解了嗎？為了驗證你的學習進展，現在，我給你佈置一個作業：請寫下自己遇過的寫作盲點，試著分析一下為何會踩到這些誤區呢？寫好之後，你可以透過我的官方網站或粉絲專頁與我聯繫唷！

Vista 的官方網站：

https://www.vista.tw

Vista 的粉絲專頁：

https://www.facebook.com/vista.tw

第 2 章

搞定寫作元素，讓你無往不利

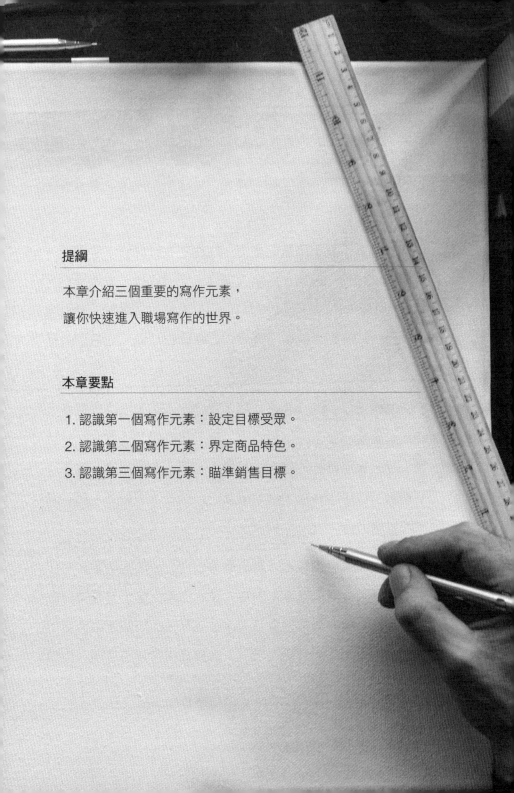

提綱

本章介紹三個重要的寫作元素，
讓你快速進入職場寫作的世界。

本章要點

1. 認識第一個寫作元素：設定目標受眾。

2. 認識第二個寫作元素：界定商品特色。

3. 認識第三個寫作元素：瞄準銷售目標。

在上一章，我為大家點出一般社會大眾容易誤入的寫作盲區，接下來我們要正式進入文案力的寫作教學了。

如果現在我問大家一個問題：「寫作難不難？」答案顯而易見，肯定會有很多朋友立刻不假思索地說：「很難！」

其實，寫作真正困難的地方，往往不在於如何下筆破題、抑或是起承轉合的鋪陳，而是大家寫了半天卻無法掌握重點，難以吸引讀者的目光。話說回來，如果你寫的文章無法吸引大眾的關注，那就更難讓讀者按照你的呼籲去採取某些特定的行動了。

時光飛逝，「六一八購物節」才過沒多久，已經有很多人開始翹首盼望「雙十一」的到來。最近我看到某位網友在評論「雙十一」網路購物的盛況，感覺很有趣。依稀記得，他是這麼寫的：「每年一到雙十一，感覺自己就是千手觀音，總有剁不完的手。」

相信你如果看到這裡，肯定會露出會心一笑吧？這是為什麼呢？其實，道理很簡單！因為大家一想起「雙十一購物狂歡節」的時候，腦海裡肯定會立刻浮現各家電商網站運用低價策略，銷售熱賣商品的瘋狂場景吧！也難怪這位網友自嘲，彷彿有剁不完的手了……

說到撰寫商品文案，我們都知道就是要透過文字傳達來達成銷售目的，聽起來很簡單，但真的要動手寫的時候，很多朋友往往會感到一個頭兩個大！其實，想要寫出能夠吸引眼球的商品文案，並沒有想像中那麼困難，重點在於如何有效爭取目標受眾的認同與共鳴。

掌握目標受眾的屬性及需求

接下來，我來跟你分享一下三個寫作元素。雖說寫作的世界無限寬廣，但如果想寫出讓人有感的好文案，你只需要把握好以下這三個元素即可：

第一個元素，就是目標受眾（Audience）。

說到目標受眾，很多朋友會有一種錯誤的認知：大家可能以為既然要銷售商品，透過商品文案來跟消費者溝通，那麼能夠鎖定的族群自然是愈多愈好，最好可以從六歲一路賣到六十歲……

嗯，如果可以一網打盡所有的目標受眾，那是再好不過的了！我可以理解這樣的想法，但老實說，天底下可能沒有這麼美好的事情——這個理想太過宏大，也有點太冒進了！我甚至覺得，倘若沒有縝密的行銷計畫與充沛的廣告預算相互搭配，這樣大膽的想法通常會以失敗作收。

我以前也在民間企業服務過，自然知道很多員工一接到老闆或主管的指示要寫篇文案，就會馬上打開電腦、連上 Google 開始搜尋資料……但這樣的做法其實不大理想，效果也很有限。

　　有句廣告臺詞是這麼說的：「送禮送到心坎裡」，要知道送禮可是有大學問，不但要送到心坎裡，更講究實用又貼心。同樣地，我們在開始撰寫商品文案之前也必須弄清楚，**你正在對誰說話？**千萬別以為只要隨便寫一篇文案，就可以打中所有人！不只是送禮要送到心坎裡，一篇成功的文案也要讓人看了有感，能夠產生認同才行啊！

　　舉個例子來說，如果你在一家手機公司任職，老闆賦予你的任務是銷售新款的智慧型手機，那麼你知道該如何撰寫商品文案，才能順利地把手機賣給客戶嗎？以銀髮族、新手爸媽和大學生世代來說，他們雖然同樣都是手機用戶，但是這些不同的族群對於手機的需求，又有哪些地方不同呢？

　　對於上了年紀的長輩們來說，他們可能不是那麼在意手機造型和品牌，但多半會希望手機螢幕可以大一點，介面可以更簡單、好操作。對新手爸媽來說，可能最重視的就是手機的拍照功能，因為想要幫可愛的新生兒拍出各種萌萌的照片。至於年輕世代，他們對手機的考量重點也完全不同！

　　根據臺北世新大學之前所做的調查發現，大學生選購手機最在意電量是否持久，其次是更好的照相功能，而經濟實惠、容量更大以及是否耐摔，也是學生們的主要評估標準。至於快速充電跟防水這兩項功能，也受到大學生們的青睞，分別排行第六跟第七。

　　讓我們假想一下，如果現在主管要你開拓大學生的手機市場，但是在撰寫商品文案時卻拚命強調手機的大螢幕和簡單操作功能，這簡直就是對牛彈琴了。所以，建議你在開始**撰寫商品文案之前，一定要先弄清楚目標受眾的屬性和需求**，如此一來才能夠投其所好，寫出讓人有感且願意買單的文案了。

　　有關目標受眾的設定，我在後續的章節中還會再為你詳細解說。

具體陳述商品特色及優點

　　接下來，我們來認識**寫作的第二個元素，也就是商品特色**（**Features**）。簡單來說，不能只是在文案中堆砌華麗的辭藻，這樣會顯得有些空泛，更需要明確提到自家商品有哪些具體的特色？可以為消費者帶來哪些利益？

　　根據過往的教學經驗，我發現很多朋友的商品文案之所以寫得不夠到位，其實是一開始的根基就不夠紮實，沒有做好前期的準備功課。話說回來，因為對自家商品的功能、規格與特色認識有限，無法理解潛在顧客的真正需求，也難怪寫出來的商品文案總讓人感覺好像隔靴搔癢，始終抓不到重點！

　　說到商品特色的打磨，腦海裡就不自覺地浮現一位寫作課學生明芳的影像。明芳大學畢業之後，一開始先在民間企業任職了幾年，但她一直懷抱創業的夢想，念念不忘。有一天下課之後，她興沖沖地跑來跟我說想要賣手工香皂。我一方面為她找到自己的方向感到開心，但也不免擔心手工香皂的市場競爭激烈，坊間已有太多同質性的產品，不知道她要如何做出市場區隔？

　　我問明芳，她精心製作的手工香皂有哪些特色？她不假思索地告訴我，大部分市售的清潔用品都添加了許多化學藥劑，所以她堅持使用薰衣草、茉麗葉、甜柑橘、薄荷精油、有機蘆薈、薰衣草、蜂蠟和迷迭香等天然原料，既沒有色素也不添加香料，就是要讓消費者洗得健康，也洗得環保。

　　當然，我可以理解她的用心，希望帶給消費者的不只是一塊天然、好用的手工香皂，更期待可以跟消費者傳遞有機、環保的概念。這樣的用心自然是值得肯定和讚賞的，但問題是顧客會買單嗎？跟坊間其他的手工香皂相比，她的產品又有哪些賣點呢？

　　後來，我建議明芳可以參考臺灣知名手工香皂品牌「茶山房」的做法，把她對「友善大地」的初衷寫成品牌故事，透過文字讓目標受眾看了有感覺，能夠引起共鳴，進而採取行動。

　　也許讀者朋友對「茶山房」不太熟悉，我先在此簡單介紹一下：「茶山房」創立於 1957 年，是老牌清潔用品品牌。連上該公司的網站，首先映入眼簾的是一種古樸、天然的氛圍，也傳達出這家老皂廠對於製作天然手工皂的堅持。特別像是他們強調所有品項的商品都通過 SGS 檢驗，也標榜「天然只是基本，經得起檢驗才是根本」的企業精神，頗能獲得消費者的激賞。

「茶山房」用照片和文字來說故事，傳達這家企業如何將三峽的碧螺春綠茶應用於肥皂的製作，歷經三代傳承而歷久不衰。官網除了詳盡地介紹公司發展歷史，也特別提到出生於1930年的「茶山房」第一代創辦人林義財阿公，是如何用盡畢生的心力，製作一塊最純淨天然的手工香皂。

　　透過淺顯易懂的文字描述，再搭配令人雙眼為之一亮的幾張圖片，就能讓人迅速理解「茶山房」的品牌信念，以及他們多年來投入相關產品研發的初衷。

　　簡單來說，一個能夠被眾人傳頌的商品文案或品牌故事，必定和商品本身有很強的連結；換言之，商品力很重要——光會說故事還不夠，業者還需要有體現品牌理念與價值的能耐。

精確瞄準受眾需求

第三個元素，就是瞄準目標（Aim）；這個元素牽涉到聚焦與轉換效益，也是我們最關注的部分。畢竟大家花了很多時間、心力來寫文案，總是希望能夠達到宣傳的效果。話說回來，每一篇文案都被賦予宣傳商品或服務的重責大任，但能否使命必達，還是得先設定好瞄準的目標。有了明確的方向，才好瞄準射靶！

說到瞄準目標，不知道你會聯想到什麼？以我來說，腦海裡總會不自覺地浮現警匪片裡的某些場景。經過一番激烈的抗爭與搏鬥，正義的一方多半會獲得最後的勝利。有趣的是在這些警匪片中，我們常常可以看到在車站、廣場或者酒館的布告欄上，貼滿各式各樣的通緝令。

這些通緝令上會有哪些資訊呢？現在，可以請你回想一下，上頭是不是都有斗大的標題、照片、懸賞金額和檢舉方式呢？而這些通緝令出現的場景也大同小異，通常都會出現在鬧區或人潮洶湧之處，以便讓來往的人群可以隨時留意身旁的蛛絲馬

跡，經由檢舉來領取獎金。

你可能會想問，撰寫商品文案跟通緝令根本八竿子打不著，哪會有什麼關係呢？其實關係大得很，兩者之間最微妙的關係就在於「瞄準」這個動作。話說回來，如果你能夠把通緝令上的「Wanted」巧妙地轉變成「I want」，自然就會讓人忍不住買單啦。

美國暢銷作家賽斯・高汀（Seth Godin）曾經說過：「別為你的產品找顧客，請為你的顧客找產品。」這句話的意思很簡單，就是要我們從顧客的角度思考：如果你能夠透過商品文案的協助，幫廣大的消費者找到一個合適的產品，甚至預先幫他們想好一個完美無瑕的購買理由和動機，那麼顧客是不是很容易就上鉤了呢？

舉個例子，你喜歡蘋果公司所出品的 Apple Watch 嗎？要知道，普通的一支手錶可能只需要一兩千元就買得到了，小米手環更是便宜，那為何大家還要花上萬元來購買 Apple Watch 呢？

我們不能否認，有些消費者的確是因為想要跟隨時尚潮流的緣故，所以想買 Apple Watch；但如果你能透過商品文案說服目標受眾：「哦，我才不是因為耍酷咧，而是想要監控自己每

天的身心狀態與運動數據，所以才需要一個方便又好用的穿戴裝置嘛！」

仔細想想，這樣的說法或藉口，是不是更容易讓人怦然心動呢？

很多人想破頭都不知道怎麼寫出有效的商品文案，其實成敗關鍵往往不在於文筆好壞或字數多寡，而是能否**精準地瞄準目標受眾的需求；然後，再根據這些需求來擬定寫作策略**。想想，如果我們在撰寫商品文案的時候，也能夠像警匪片裡的某些警探發出厲害的通緝令，那麼再難纏的顧客自然也能夠手到擒來了。

話說回來，當你掌握了這三個寫作元素之後，自然就會對如何寫出好文案有一個初步的概念。這時，你也就不會那麼害怕寫作了。

三個寫作元素

目標受眾
你正在對誰說話？
理解受眾的屬性和需求。

商品特色
明確提到自家商品有哪些
特色、利益、品牌理念與價值。

瞄準目標
精準地瞄準受眾目標需求，
幫消費者找到購買動機。

理想文案寫作之鋪陳流程

除此之外，我還想帶給大家一些基本認知，並引領各位了解文案寫作的鋪陳編排的流程。

首先，商品文案的起點，其實首重於喚起共鳴。

我曾經看過很多商家所寫的商品文案，上頭寫了密密麻麻的功能、規格和特色，價格看起來也很合理，但是成效卻不理想。仔細想想，這是為什麼呢？道理很簡單，因為這些文案並沒有鎖定明確的目標受眾，也並未使用他們所慣用的語言來溝通。如此一來，自然也無法激發客戶的共鳴。

無論你的文案寫得再精彩，一般社會大眾通常只會匆匆瞄過，如果不能在三、五秒內抓住大家的眼球，那注定會失敗！話說回來，一篇能夠打動人心的商品文案，撰寫者必然處心積慮想引發消費者的情緒共鳴。除了談商品本身的功能、特性和價格，如果你能夠為商品文案加上一些賣點和場景化的設計，自然容易吸引人。

舉例來說，現代人格外注重飲食均衡與身心健康，但是想要運動健身，難道只能上健身房嗎？特別是這兩年因為疫情肆虐的關係，大家都不敢在外面逗留太久，如果在家也能做運動，那該有多好？

　　請謹記，光用文字來描述商品，有時會過於抽象，這時不妨借助場景的力量。就像前陣子我看到坊間有一款名為「健身魔鏡」的產品，主打即時的運動姿勢校正與軌跡指引，透過每秒三十次比對和教練之間的動作吻合度，讓消費者在家輕鬆地照著鏡子做運動，就能享受駐家教練的一對一指導。

　　上述的文案不但具體提到帶給消費者的利益，還提供了每週上線 Live 直播課程，可以讓人感受即時運動的體驗，並且得以與親友一對一即時視訊連線，共同參與健身課程。這家廠商很聰明，標榜只要買了「健身魔鏡」，就有世界級的教練群陪你一起在家燃燒體脂。

　　仔細想想，這番廣告臺詞是不是很吸引人、讓你感到怦然心動呢？

　　廠商在文案撰寫上運用了場景化技巧，讓消費者聯想到在家健身的便捷，不用出門，就可以享受健身房等級的專業顧問。如此一來，大家自然也就願意掏出錢包，付費購買這款健身產

品了。

其次，**深入了解潛在顧客的困擾與需求**也相當重要。

很多人寫文案，只是從廠商立場或老闆視角出發，雖然不能說這樣做不對，但如果探究效果，往往是不盡理想的。這是為什麼呢？我相信大家都知道，光是自吹自擂是沒有用的！如果我們不能換位思考，無法深入理解潛在顧客的困擾與需求，又怎能期待對方會買單呢？要知道，如今光是產品好還不夠，我們更需要把話說到顧客的心坎裡。

舉個例子，說到掃地機器人大家可能並不陌生，時常可以在家電廣告中看到它的身影，甚至在 YouTube 上也有很多掃地機器人的廣告影片。乍看之下，掃地機器人好像很酷炫，其實它並不是什麼新鮮的高科技產物，從 1997 年發明至今已有超過 25 年的歷史。

儘管掃地機器人的科技日新月異、不斷推陳出新，但很多相關產品的文案卻還是很老套！你不信嗎？現在都已經 2022 年了，很多廠商還是不說人話，寫出來的文案居然類似這樣：

全球首創的 AI 雙鏡頭避障，搭載 8 核心 CPU，擁有業界最強吸力 2500PA，還有恆壓電控大水箱、智慧 AI 斷點續掃和多

達四層樓的 App 記憶地圖。嗯，光看到上面這堆數字和專業術語，我猜大家都要頭昏了！

我家雖然尚未添購掃地機器人，但我卻對這款產品很好奇，所以之前曾做過一番調查，詢問一些朋友有關購買掃地機器人的動機。說穿了，購買者的心態很簡單，大家主要就是為了省事，所以不介意多花一點錢。

但是，如果你有機會去問問尚未購買的另外一群潛在顧客，即便他們已經打定主意想買了，但心裡可能還是存在很多問題，好比：是否買了掃地機器人，就可以不用再添購吸塵器？掃地機器人的聲音會不會太大？會不會嚇到家裡的寵物？諸如此類的問題層出不窮，更別提多數人可能根本不了解規劃路徑式和隨機路徑式掃地機器人的差別及優缺點！

如果我們無法理解潛在顧客的困擾與具體需求，那麼就很容易寫出自 high 又不實用的商品文案了！

接下來，我們**要為潛在顧客帶來解決方案與利益。**

建議你要事先做好功課，在了解潛在顧客的困擾與需求之後，方可順勢帶出我們所提供的解決方案，並且要記得在商品文案中強調購買、使用之後可以帶來的具體利益。如此一來，

方能有效強化目標受眾的動機與信任關係。

以剛剛提到的掃地機器人為例，有一群人打死不想買。因為他們認為錢應該花在刀口上，然而掃地機器人卻是一個奢侈品，而且很多時候還掃不乾淨，所以根本沒有購買的必要。這個說法言之鑿鑿，似乎很有道理，但如果讓我換個角度跟你分析，也許你就會改觀了！

嘿，你相信嗎？掃地機器人不但能夠讓家裡變得乾淨，還可以促進家庭和諧，甚至帶來幸福感呢！你不信嗎？很多新婚夫妻剛步入婚姻生活，常常為了家事的分配而吵得不可開交。這個時候，聰明人如果能夠趕緊添購一臺掃地機器人，不就天下太平了嗎？嗯，這也難怪掃地機器人和洗碗機、烘衣機，會被許多網友譽為「拯救婚姻的三大便利家電神器」了！

我相信你一定也認同，家庭的幸福美滿，是再多金錢也換不到的！再說了，人活了一輩子也不過三萬天光景，如果可以把每天掃地跟拖地的時間用來做一些更有意義的事情，那不是很棒嗎？所以，現在你是不是該買一臺掃地機器人了呢？

哇，如果掃地機器人的商品文案可以這樣寫，是不是既有趣、又能夠精準地點出它為消費者帶來的具體利益呢？

最後，建議你**進一步採取行動呼籲，試著轉換訂單**。

很多人總愛把商品的所有功能、特色一股腦兒都寫進文案裡，但讓人感到遺憾的是前面鋪陳了那麼多，卻往往只差了臨門一腳！如果這時功敗垂成，豈不是很可惜？所以，當你在文案裡談完了解決方案和可以帶給消費者的好處之後，別忘了再進一步呼籲大家要採取行動唷！

說到行動呼籲，讓我想起一個經典案例。現在，請你上YouTube 去搜尋一下賈伯斯（Steve Jobs）在 2007 年的 iPhone 手機發表會影片（https://bit.ly/2007-iphone）。

賈伯斯在這場 iPhone 發表會中，多次提到蘋果公司「重新發明電話」（reinvent the phone），而這則金句也讓與會大眾都感到好奇萬分。在介紹完手機的功能後，賈伯斯再次指出：「我想當你們有機會拿到這支手機時，就會同意這一點，我們重新發明了電話。」隔天，《電腦世界》（PC World）雜誌便以頭條報導蘋果公司「重新發明電話」。

賈伯斯不但唱作俱佳，還不斷鼓動在場觀眾趕快去買 iPhone 手機，這無疑是一種強而有力的行動呼籲。也難怪美國知名作家卡曼·蓋洛（Carmine Gallo）要說：「賈伯斯不只是做簡報，他提供的更是一種絕佳的體驗。」

如果你願意花一點時間重溫賈伯斯的 iPhone 發表會，我相

信你一定更能了解商品宣傳必須注意的細節相當多。光是述說
商品規格、特色和價格還不夠，這樣是很難吸引消費大眾的目
光，你還得搭配有效的行動呼籲。

本章小結

最後，我們來總結一下本章的重點：

一個好的商品文案不只是銷售，更要陪伴目標受眾走過一趟精神旅程。如此一來，不但能寫出打動消費者的重點，最終更可爭取消費大眾的認同，進而讓他們願意買單。

所以，如果你想要寫好商品文案，請先掌握好目標受眾、商品特色以及瞄準目標這三個寫作元素。

第一個元素，設定目標受眾。整體而言，這可以說是最為關鍵的步驟。以商品或服務的銷售為例，我們可以按照下列方式循序漸進來設定目標受眾：哪些族群會對我們所販售的商品、服務感興趣？這些人購買的動機為何？他們在什麼場景或情境之中，會需要用到這些商品、服務？而貴公司所提供的商品、服務，可以為特定族群帶來哪些具體的利益或好處呢？

第二個元素，界定商品特色。透過文案的解說，讓潛在顧客清楚貴公司商品的賣點，是非常重要的。但有一點要特別注

意，那就是不能一味地在文案中堆砌華麗的辭藻，而是要明確地提到自家商品有哪些具體的特色、利益，以及可以對消費者帶來什麼好處，或是能夠幫大家解決哪些問題？

第三個元素，瞄準銷售目標。銷售目標與意圖的設定，牽涉到商業邏輯的聚焦與轉換效益，通常也就是業界人士最關注的部分。換言之，商品文案能否達到宣傳的成效，自然必須先釐清你所要瞄準的目標是什麼？如果心中已有一幅清晰的藍圖，自然能夠按圖索驥了。

整體來說，有效的商品文案必然帶有明確的銷售意圖，傳達重點在於「以人為本」，並謹記要把目標受眾放在第一位；換句話說，我們必須**傾聽目標受眾的需求**。要知道，有靈感的加乘固然很棒，但即便你自認文筆不好，其實不至於影響商品文案的撰寫。讓我們從理解目標受眾的心聲開始做起，進而觸發需求和好奇心，便能讓商品文案發揮巨大的效用，達到無往不利的境界！

2007 年的 iPhone 手機發表會影片

https://bit.ly/2007-iphone

第 3 章

如何設定精準的目標受眾？

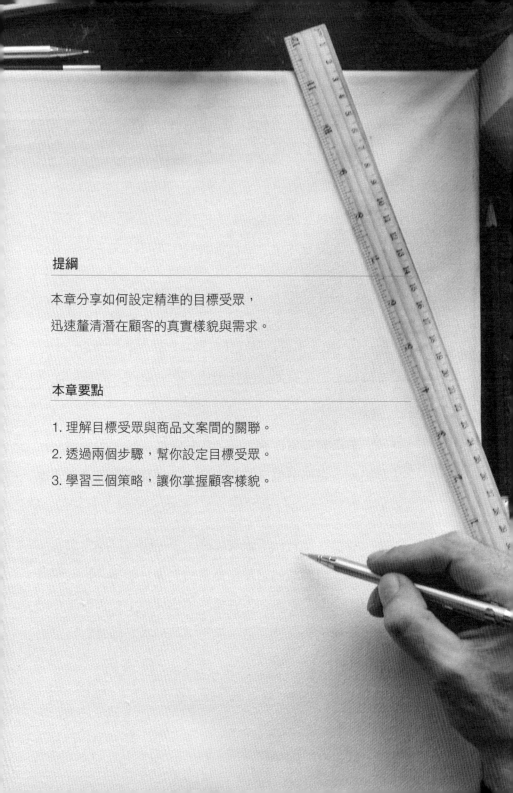

提綱

本章分享如何設定精準的目標受眾，
迅速釐清潛在顧客的真實樣貌與需求。

本章要點

1. 理解目標受眾與商品文案間的關聯。
2. 透過兩個步驟，幫你設定目標受眾。
3. 學習三個策略，讓你掌握顧客樣貌。

在上一章之中，我為大家介紹了幾個好用的寫作元素，相信你在了解寫作的不同面向之後，就可以對如何寫出好文案建立一個初步的概念了。

接下來，我們要開始進入本書的核心，談到影響文案寫作成敗的關鍵了！換句話說，也就是要教你如何用文字來吸引目標受眾。

不過，在正式進入主題之前，我想先跟你覆盤一下過去的寫作教學經驗。還記得以往自己在各種寫作課程的授課過程中，我時常在課堂上請學員們談談在創作內容時會遇到哪些問題或瓶頸。

嗯，你猜得到大家在寫作時，都被哪些問題所困擾嗎？除了「沒有靈感」這個老生常談的問題之外，其實大家遇到的困擾還不少哩！

其中，有很多學員私下跟我反映：不明瞭可以把自家商品賣到哪個市場，或者該鎖定哪些特定的對象？如果只是按照老闆的指示來寫商品文案，銷售成績也不盡理想！更慘的是花錢做了一堆市場研究與調查，還是搞不清楚到底是誰會對自家的商品感興趣？

我知道，很多人在銷售商品的時候，都會遇到類似的問題：究竟應該鎖定哪些客群來進行銷售，這可真是一個大哉問。綜合大家所遇到的問題，如果用一句話來形容，應該就是不知道該如何設定有效的目標受眾。

　　就做生意這件事來說，我們當然希望財源廣進，客戶多多益善囉！老實說，這一點無可厚非。不過在規畫行銷計畫的時候，因為牽涉到廣告預算和精準行銷的緣故，建議你最好事先想清楚計畫鎖定的目標受眾族群，做到「謀定而後動」。

　　舉個例子來說，如果你在一家銷售營養保健食品的公司上班，那可得先想想清楚，到底貴公司想要把營養保健食品賣給什麼對象？要知道，這類產品的消費族群年齡層很廣，從小孩、大學生、上班族到銀髮族都是可能的銷售對象唷！但話說回來，不同族群的興趣、偏好和可支配所得也都大異其趣。即便是大家時常購買的維他命、葉黃素等保健食品，如果想要打造出可以老少通吃的商品文案和使用場景，老實說也並非易事。

　　這些年來，我曾輔導過很多商家寫商品文案，但是這些形形色色的文案，卻往往無法發揮效用。儘管上頭寫了密密麻麻的功能、規格和特色，價格看起來也很合理，但成效卻不理想。仔細想想，這是為什麼呢？道理很簡單，因為這些商品文案通

常都沒有鎖定明確的目標受眾，也並未使用他們所慣用的語言來溝通。如此一來，自然也無法激發共鳴了！

像是大家熟悉的小米手機，之前有篇文案就讓人印象深刻。它是怎麼說的呢？「探索未來邊界，最重要的是保持勇氣。以及，身邊有你。」

看到這段文案，是否會讓人感到豪情萬丈，有一種「有為者亦若是」的衝勁呢？但就在大家覺得感動之際，不知道你有沒有發現一件事：小米手機的文案，其實是寫給廣大的年輕族群看的，而不是針對長輩或銀髮族人士所設計的唷！

這樣的文案設計其來有自，因為喜歡小米手機的粉絲們，主要都是三十歲上下的年輕族群，當然小米手機的文案必須投其所好，圍繞著年輕人的世界打轉。我相信，小米公司之前必然做過縝密的調研工作。話說回來，當我們要撰寫商品文案的時候，的確有必要先勾勒目標受眾的輪廓，甚至搞清楚他們的興趣與偏好。

設定目標受眾為何如此重要？

那麼，到底什麼是目標受眾（Target Audience）呢？

維基百科告訴我們：目標受眾，又可稱為目標顧客、目標群體或目標客群。簡單來說，就是任何一個行銷活動中所鎖定的人口群體。

好比任何一臺筆記型電腦或一支智慧型手機，當然可以銷售給不同的族群，但如果不事先區分目標受眾的話，廣告效益必然會大打折扣。所以，我們有必要針對想要鎖定的客群來做一些市場區隔。

目標受眾可以是某一個人口群體，例如某個年齡層的人士，或是特定的性別與婚姻狀況等等。但有的時候，目標受眾也會包括幾個不同的人口群體，甚至是鎖定一群擁有相仿價值觀、興趣與專業的族群。

無論是市場調查或行銷，通常必須先決定產品或服務的適當受眾，然後才能進入下一個步驟。舉個例子來說，阿里巴巴

集團創辦人馬雲當年在創立淘寶網的時候，就鎖定了年輕又喜歡時尚的族群，希望在最短的時間之內可以觸及這群人，並提供平價又好用的商品給他們。

目標受眾的設定之所以重要，是因為**我們必須知道自己在跟誰對話？然後，還得知道是哪些族群，在什麼特定的時間或場景，需要使用到這個商品或服務？以及，這個商品或服務可以為他們帶來什麼樣的好處？**

看到這裡，你可能已經理解設定目標受眾的重要性了。但是，緊接著問題又來了，我們該如何去尋找理想的目標受眾呢？這群顧客對於特定的商品、服務，又會有哪些需求呢？

設定目標受眾之兩大步驟

你可以透過以下的兩個步驟，精準地設定目標受眾：

第一步：走入人群

如果想要了解目標受眾的輪廓，我給你的第一個建議就是要走入人群。Google 雖然很方便，但我必須說：它不是萬事萬物的唯一答案。所以，請你千萬不要只是坐在電腦前憑空想像，這樣所研擬或發想出來的結果，往往會和真實世界有著很大的偏差。

近年來因為四處授課與從事顧問諮詢的緣故，讓我有機會觀摩與分析很多人所寫的商品文案。老實說，文案撰寫之所以讓人感到挫折或者成效不彰，其實跟文筆好壞關係不大，而是他們無法有效爭取到潛在顧客的共鳴。認真想想，如果我們只是一味地從自家公司的角度或立場出發，卻沒有思考潛在客戶的需求或動機，這樣又怎能期待對方會買單我們所端出的好商品呢？

　　舉例來說，假設貴公司最近計畫在臺北市的民生社區開一家具有北歐風情的咖啡館，老闆要你構思一套行銷方針，並據此寫成商品文案，你該怎麼做呢？我猜想很多人會先上網搜尋，找出臺灣人對於咖啡消費的場景、頻率和偏好等數據，然後再來思考如何打造這家咖啡館的特色與賣點吧？甚至，再挖空心思尋訪一些有關北歐風情的元素。

　　嗯，這樣的規畫流程，乍聽之下似乎很合理，但我得說，如果你光是坐在辦公室裡胡亂揣想，卻不願意花點時間造訪一些咖啡館，實地去觀察消費者的行為，甚至啜飲不同風味的咖啡……那將很難洞悉大家對咖啡館的真實需求！

　　說到咖啡館，很多人會立刻聯想到星巴克。不知道你可曾想過，明明臺灣各地有許多別具風格的咖啡館，但為何很多人還是對星巴克情有獨鍾呢？難道是星巴克的咖啡特別好喝嗎？還是它的品牌形象特別強大、使用體驗格外吸引人呢？

　　你也許看過很多分析星巴克商業模式的書籍或文章，但我得說，只有親自造訪星巴克，深入體驗他們所打造的「第三空間」，才有辦法觀察星巴克做對了哪些事？以及究竟是哪些族群特別喜歡星巴克？

　　而這群人的需求、思維和行為模式，是否會受到年紀、性

別、居住區域或消費意願的影響，而產生不同的變化呢？還有，大家能夠接受的咖啡價位又是如何呢？你覺得星巴克的價位合理嗎？為何星巴克三不五時要舉辦「買一送一」的促銷活動？他們的葫蘆裡在賣什麼藥呢？

第二步：善用觀察力

除此之外，我建議大家可以善用觀察、訪談等方法來理解目標受眾的需求，並且挖掘他們平常所遇到的一些問題。

再舉個例子，假設你是一位自己開業的健身教練，除了經營個人官網、YouTube 頻道，平時就只能偶爾投放關鍵字廣告，或是透過發傳單或電子報的方式接觸人群。如果你想要擴大招生或提升業績，可曾想過如何觸及更多想要健身的群眾嗎？

與其坐在電腦前絞盡腦汁，我會建議你有空走上街頭，抽空多去觀摩其他業者所經營的健身房、運動中心或瑜伽教室——徹底了解一下目前的市場動態，到底是哪些族群對運動、健身感興趣、或是有著強大的需求？同時，你也需要深入理解當今國內外健身產業的發展現況與趨勢。

不只是仔細觀察和思考這些人上健身房的動機為何，更需要掌握他們在什麼場景或情境之下會需要聘請私人教練？為何

願意付費成為健身房的會員？除此之外，養成健身的習慣，可以為大家帶來哪些具體的好處？還有，在訓練的過程中，一般人遇到最大的挫折又是什麼呢？

當然，你也可以上網找資料，看看大家都用哪些關鍵字在搜尋跟健身、運動有關的資訊？而這些資訊與文本之間，是否隱藏著某些脈絡或關聯？在此，我很樂意向你推薦「Google 快訊」（https://www.google.com.tw/alerts?hl=zh-tw）這個免費的服務，你可以透過它來快速掌握最新的市場動態。

「Google 快訊」是 Google 於 2003 年推出的一個提供關鍵詞變更檢測和通知的服務。用戶只要在該服務的網頁輸入關鍵詞和電子郵箱地址，該服務在發現與用戶提供的關鍵詞相匹配的新結果後，便會將這些新結果發送到用戶填寫的電子郵箱地址中。

簡單來說，倘若能夠善用「Google 快訊」，就好像請了一位免費的小幫手幫你搜集資料，多棒啊！

平時多從消費者的角度來思考問題，並且靈活運用「Google 快訊」、「網路溫度計」（https://dailyview.tw）等數位服務，自然有助於掌握用戶輪廓的模樣與釐清目標客群的需求。除此之外，我也建議大家也可以透過**問卷調查**或是**焦點訪談**的方式，

更能全面掌握受訪者的想法。

　　此舉也有助於我們抽絲剝繭、釐清現況，避免因為錯誤的臆測弄錯方向。在了解目標受眾的困擾與需求之後，我們再輔以商品文案提出行動呼籲，自然就比較容易得到共鳴與認可，也可望進一步強化彼此之間的信任關係。

如何精準設定目標受眾

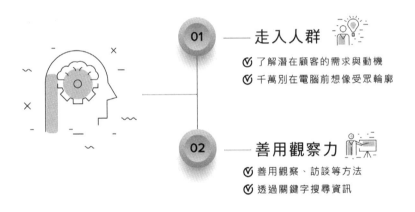

01 走入人群
- ☑ 了解潛在顧客的需求與動機
- ☑ 千萬別在電腦前想像受眾輪廓

02 善用觀察力
- ☑ 善用觀察、訪談等方法
- ☑ 透過關鍵字搜尋資訊

掌握顧客樣貌之三大策略

採行上述的兩個步驟之後，如果你還想進一步掌握心目中最完美的顧客樣貌，可以參考以下這三個策略。

第一個策略，請思考目標受眾的特質。

以往大家談到目標受眾的設定，免不了都會在腦海裡事先擬定這群人的基本資料，像是年齡、性別、教育程度、職業或是居住的城市、地區等等。這些資訊當然很重要，但你如果有一些行銷的經驗，可能會發現光是列出這些項目，還不足以精準地釐清目標受眾的輪廓。

試想如果你要賣平板電腦給二、三十歲的年輕人，光是知道他的年紀、教育程度和住在哪個城市，這樣的線索可能都還太少了！比方他為何要買平板電腦呢？是想要隨時隨地學習，抑或只是方便追劇？或者是要買來送人的？如果無法掌握他們的行為模式和消費偏好，就很難用文案去吸引其關注了！

所以，建議你除了掌握目標受眾的基本資料之外，可能還

得多花心思去掌握這群潛在客戶的人格特質和心理特徵。舉例來說，你想鎖定的這些客群，他們的生活品味、方式、風格、價值觀以及喜歡的事物分別為何？還有，他們對人生的看法又是什麼呢？

如果你能夠對這些人的動機、需求瞭若指掌，自然有助於勾勒用戶輪廓，進而針對他們的人格特質和心理特徵來撰寫商品文案。

第二個策略，請掌握目標受眾的想法。

任何的消費行為其實都反映人性，所以如果你能夠花點時間做功課，事先釐清目標受眾心中的各種想法，自然有助於讓我們理解這些客群的真正需求。

美國心理學家丹尼爾‧高曼（Daniel Goleman）在《EQ II：工作 EQ》一書中指出，處理人際關係的能力即是以同理心為基礎，可以試著從察覺他人需要、關心對方的看法與協助他人發展等原則為出發點，透過這些原則可有效地了解他人觀點，進而認知他人情緒與回應對方的感受，也同步提高個人的同理心。換句話說，倘若你能夠同理目標受眾，自然更容易掌握對方內心真正的想法。

　　首先，請你冷靜思考一下，到底哪些族群會對我們所推出的商品、服務感興趣？其次，揣摩一下這些人的購買動機是什麼？他們在什麼場景或情境會需要用到這些商品、服務？最後，我們所提供的商品、服務，可以為這些族群帶來哪些具體的利益或好處？

　　舉例來說，近年來「斷捨離」的概念在全世界許多國家都相當流行。假設現在你想跟朋友一起合夥創業，推出在國外盛行許久的收納服務，不妨想想是哪些人會特別需要這項服務呢？是平時工作忙碌的上班族嗎？還是忙著照顧小孩而無法分身整理家務的媽媽？抑或是行動比較不便的銀髮族呢？

　　而這些族群對於收納服務的理解、需求、思維與行為模式，又是否會受到年紀、性別或消費意願的影響，而產生不同的變化呢？他們願意為了貴公司的收納服務而支付多少金額？還有，他們的使用頻率又是如何呢？

　　建議你在設定目標受眾時，除了關注年齡、性別和職業之外，也不妨多去關注這些族群的興趣、價值觀、個性和各種偏好。對於目標受眾的設定和洞察，不是憑感覺就好，而是要經過深入的觀察並佐以數據的搜羅與分析，才能真正理出頭緒。

　　當你對潛在顧客了解愈深入，自然也能理解他們的困擾、

需求以及對於商品、服務的真正想法。話說回來，如果你知道他現在的煩惱是什麼、在生活中遇到了哪些問題或瓶頸，甚至是他想要尋找什麼樣的服務或產品、採購時又有哪些疑慮，在商業的世界裡，這些都是非常寶貴的資訊，倘若能再搭配數據來進行解讀、分析，自然也就更可以深刻地洞察人性，進而寫出感動人心的好文案囉！

第三個策略，請感受目標受眾的願景。

當你順利掌握目標受眾的特性與需求之後，請記得還要換位思考，設身處地為他們著想。不只是理解這些族群的需求和苦惱，更要用同理心來揣摩和感受這群潛在顧客的願景與真正想法。

為何我們需要去感受目標受眾的願景呢？這是因為大多數人也許嘴巴不說，但其實內心都有一幅渴望達成的藍圖。人們很重視願景，也願意為他希望達到的美好境界而奮鬥。所以，為了理解目標受眾心中的遠大願景，我們的確有必要花一些時間和心力來進行探索。

如果你想要感受目標受眾的願景，甚至協助大家找出自己獨一無二的價值、興趣與專長，建議可以善用換位思考的方式。簡單來講，換位思考就是暫時摒除自我意識，改用別人的眼睛

看世界的一種方法。

《同理心優勢》一書的作者羅曼·柯茲納里奇（Roman Krznaric）指出，同理心，是改變社會與他人最強大、最有用的力量。因為唯有看穿問題的表面，才能真正探觸到對方內心深處的痛苦和需求，給予符合對方期望的支持，不只是解決對方的問題，更能帶領大家朝你想要的目標前進。

我們鎖定的這些目標受眾，他們的生活態度、價值觀和願景分別是什麼？又對哪些事情充滿好奇和熱情？還對哪些東西滿懷渴望？貴公司的商品和服務，能給他們的生活帶來什麼樣的改變？

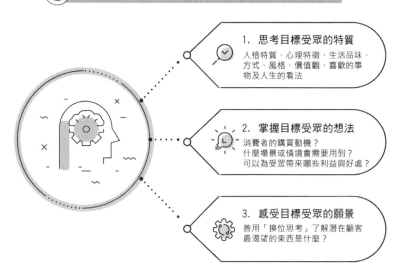

掌握心目中最完美的顧客樣貌

1. 思考目標受眾的特質
人格特質、心理特徵、生活品味、方式、風格、價值觀、喜歡的事物及人生的看法

2. 掌握目標受眾的想法
消費者的購買動機？
什麼場景或情境會需要用到？
可以為受眾帶來哪些利益與好處？

3. 感受目標受眾的願景
善用「換位思考」了解潛在顧客最渴望的東西是什麼？

在找出箇中關連之後，我們自然就比較容易知道該用哪些素材來產製內容、以及該如何呈現商品或服務的賣點；最後，再慎選發布內容的管道，像是透過官方網站、粉絲專頁、電子報來傳遞資訊，或是透過投放關鍵字廣告來吸引眼球，將這些有用的情報呈現在目標受眾的面前。

所以，請謹記要適時跳脫你所在的領域和身分，仔細想想這群潛在顧客最渴望得到的東西是什麼？發揮同理心，並善用換位思考的方式，自然可以幫助你了解目標受眾內心的真正想法。

總結以上的兩個步驟和三個策略，大家應該不難發現，在正式開始寫文案之前，的確有必要弄懂你的目標受眾。如果你想寫出吸睛的商品文案，建議可以按照下列的方式，以循序漸進的方式來設定目標受眾的範疇：

1. 想想有哪些族群可能會對貴公司的商品、服務感興趣？

2. 這些潛在顧客的購買動機為何？

3. 他們在什麼場景或情境，會需要用到這些商品、服務？

4. 請思考貴公司的商品、服務，可以為他們帶來哪些具體的利益或好處？

最後，讓我再舉個例子，幫助你思考如何設定精準的目標受眾吧！這兩年因為新冠肺炎疫情肆虐的緣故，不但改變了全球的產業結構，也對很多人的生活模式帶來偌大的衝擊。以我自己來說，因為已經宅在家許久了，因為看到朋友的推薦，所以最近打算上網買一個「多功能智慧跳繩」來運動健身。

假設這款結合無繩球與有繩二合一設計的「多功能智慧跳繩」，剛好是貴公司所力推的商品，那麼你會如何設定這款「多功能智慧跳繩」的目標受眾呢？又準備為它構思怎樣的商品文案與行銷計畫呢？

嗯，我知道你可能很久沒有跳繩了，但其實這個運動有很多好處，不只可以排毒、促進血液循環，還能夠幫助減肥、保持肌肉彈性，可說是一種很棒的燃脂運動。而且跟跑步相比，跳繩對於關節的刺激較小，又可以增加身體的靈活度，堪稱老少咸宜。

但是，如果現在要你上網販售這款「多功能智慧跳繩」，你會想要鎖定哪些族群呢？是那群忙碌到沒時間運動的上班族嗎？還是平常時間很多、閒著發慌的大學生？抑或是有錢又有閒的銀髮族呢？

再仔細想想，不同族群對於運動健身的想法跟需求往往南

轅北轍，你有辦法精準打到他們的痛點嗎？而這群人的消費決策很可能會受到年紀、性別或同儕壓力的影響而產生變化，你該如何研擬對策呢？再者，你覺得他們願意為了這款「多功能智慧跳繩」支付多少費用呢？最後，如果是你自己的話，你會想要購買這款產品來健身嗎？還是寧願加入健身房的會員呢？

　　如果你可以試著從不同的角度切入，相信不但有助於增進對潛在顧客的理解，也更能夠幫助你整理思緒，寫出精彩且能打動人心的好文案。

本章小結

本章即將進入尾聲，最後讓我來做個簡單的總結。

設定目標受眾很重要，但是需要考量的因素也很多，老實說，有時未必會有所謂的正確答案。所以，我們需要審時度勢，除了關注年齡、性別和職業等基本資料之外，也不妨多去關注這些族群的興趣、價值觀、人格特質和各種偏好。有關目標受眾的設定和洞察，不是憑個人的喜好或感覺就好，而是要經過深入的觀察並佐以資料的搜集與分析，才能真正理出頭緒。

當你對潛在客戶了解得愈深入，自然愈能理解他們的困擾、需求以及對於商品、服務的真正想法了！此時，若能再搭配消費行為的解讀、分析，自然也就更可以深刻地洞察人性，進而寫出感動人心的好內容。

在此，我也要再次提醒大家：設定目標受眾的時候千萬不能太貪心，別老是想著要把六歲到六十歲的消費族群都一網打盡！要知道，在預算或時間有限的情況下，這往往是很難達成

的。所以，誠摯地建議你還是穩健經營為宜，不要太好高騖遠囉！

當你有憑有據地設定好目標受眾之後，還得要好好思考自家的商品、服務有哪些賣點和獨特銷售主張？可以幫消費大眾解決哪些問題？當你能夠具體地掌握目標受眾的特性與需求，自然也就不難投其所好，寫出讓人有感且願意買單的好文案了！

Google 快訊：

https://www.google.com.tw/alerts?hl=zh-tw

網路溫度計：

https://dailyview.tw

第 4 章

活用「FABE 銷售法則」，

寫出鏗鏘有力好文案

提綱

本章介紹「FABE 銷售法則」，
幫助你可以有效地把商品銷售出去！

本章要點

F（Features，特性）：介紹產品的特性和特質。

A（Advantages，優點）：介紹產品本身的優點。

B（Benefits，利益）：介紹產品帶給客戶的利益。

E（Evidence，證據）：闡述產品卓越之處的具體證據。

在上一章之中，我介紹了什麼是目標受眾，也快速地幫助你奠定基礎，得以理解其重要性，以及如何設定精準的目標受眾。簡單來說，你可以把上一章提到的兩個步驟和三個策略，套用在日常工作中，進而快速設定目標受眾的輪廓以及掌握顧客的具體樣貌。

接下來，我們就要進入用文案來銷售商品、服務的環節了。

說到商品文案，你一定不陌生。即使過往比較少接觸文案寫作的朋友，想必也時常在百貨公司、大賣場或是便利商店裡看到各式各樣的商品文案吧！甚至走在路上，也會有人發傳單給你，而傳單上的圖文內容，想當然耳也是文案的一環。

在正式開始談到如何運用文案來銷售商品之前，請讓我先簡單介紹一下文案的由來、以及大致的分類。

各種長度的文案 適用於不同商品

文案原本是指古代官衙中掌管檔案、負責起草文書的幕友，也有人用來指稱官署中的公文、書信等。而在現代，一般我們說到的文案，主要應用在商業、廣告等領域，也就是一些公司行號為了宣傳自家的商品、服務、價值主張或獨特的觀點，而選擇在報章雜誌、海報或傳單等平面媒體上刊登文稿，或是選擇在廣播、電視或網路等電子媒體上以廣告、橫幅等方式來進行宣傳。

還記得我在上一章曾提到與目標受眾交心的重要性嗎？因此，在開始構思商品文案之前，你得先弄清楚文案內容是要寫給誰看；如此一來，才能針對潛在顧客的需求來設計明確的內容策略。

談到文案，如果我們單以篇幅的長短來看，那麼**坊間常可見到的文案內容，由短到長大致可區分為：標語（Slogan）、短文案、長文案以及一般的文章等等。**

所謂的標語或口號，是指在政治、社會、商業、軍事或宗

教等範疇之中所使用的一句容易記憶的格言或者宣傳短句，主要用以反覆表達一個概念或目標。

舉例來說，你肯定曾經聽過「Just Do It」這句標語吧？沒錯，這就是運動大廠 Nike 從 1988 年開始沿用至今的口號。綜觀 Nike 的成功，固然商品本身擁有出色的設計以及傑出的行銷活動，但是那句令人印象深刻的標語「Just Do It」，想必也是功不可沒！

而短文案，除了力求內容淺顯易懂，更要讓潛在的顧客迅速理解，能夠從字裡行間立刻「秒懂」商品利益與消費訴求的雙重任務。

觀察一些常出現在我們生活中的商品，像是休閒服飾、三合一咖啡和茶葉禮盒等等，在宣傳的時候似乎都比較偏好運用短文案。道理很簡單，這是因為商品本身的屬性並不複雜，所以並不需要過多的解說，而且往往有很明確的利益點，也不會容易被誤解。所以，當業者想提高這類商品的知名度跟好感度時，便可巧妙運用短文案來刺激社會大眾。

說到短文案，我想以「鮮乳坊」這個鮮乳品牌的例子來跟你說明。成立屆滿七年的「鮮乳坊」，宣稱是全臺灣唯一一家由獸醫師自創的品牌，他們的訴求很簡單，主打由專業獸醫生

產團隊把關，守護你的食安。

連上「鮮乳坊」的官網，映入眼簾的一段文字令人印象深刻：

全台唯一乳牛獸醫成立的鮮乳品牌。

鮮乳坊一直以來皆致力於顛覆乳業的不公平交易，

與解決目前的食安問題。

鮮乳坊希望能協助酪農成立自有品牌，

也能提供給消費者「獸醫現場把關」，「嚴選單一牧場」，

「無成分調整」，「公平交易」的高優質鮮乳。

透過消費者的力量來給酪農支持，

形成良善的循環並同時改變酪農業生態。

瞧，這短短幾句話，是不是讀起來既有信賴感與專業感，又能夠點出「鮮乳坊」的濃郁特色呢？

接下來，我們來說說長文案。

相較於輕薄短小的短文案，長文案除了篇幅較長之外，在使用時機上其實也略有所不同。一般而言，需要解說的商品（特別是一些剛剛問世的新產品）或高價位商品，通常會使用長文案來輔以說明，藉此建立目標受眾對新產品的需求認知，此舉也容易鼓動潛在消費者直接採取行動。

　　對了，你是否想到有哪些產業特別適合採用長文案了嗎？沒錯，像是汽車、房地產或國外旅遊度假的銷售方案，都很適合運用長文案來從事行銷哦！

　　當然，在撰寫長文案的時候，因為需要考慮很多的細節，所以不但比較耗費心神，也要做好事前的準備。我通常會建議大家，有空的時候可以到書店翻翻一些書報雜誌，除了關注當今的最新趨勢和商品動態外，這些雜誌上也不時會有一些不錯的廣告文案可茲參考。

　　當然，文案除了可以從篇幅和體例來分類，更能夠從屬性和目的來區分，像是諸多企業官網上頭常見的品牌故事或願景宣言、經營理念等等，雖然乍看之下和一般的商品文案有些不同，但背後有很多道理其實是相通的。

　　舉例來說，臺灣本土廠商綠藤生機，是一個純淨保養的品牌，也是亞洲唯一五度蟬聯「對世界最好」環境大獎的公司，專注研發對肌膚與環境友善的產品。

　　在該公司的官網上，我們可以看到以下這段文案：

More is Less. 多，即是少。

綠藤成立已經有 11 年的時間，而我們一直堅信，生活永遠

有更好的選擇。

永續、純淨、科學 ── 承襲自林碧霞博士的啟發，綠藤信仰著「更多」：更多知識、更多透明、更多表裡如一、更多更好的選擇。

因為，當擁抱這些更多，我們才能擁有更少：
更少浪費、更少衝動、更少非必要、更少不確定性。
我們並非特立獨行，只是理念與眾不同。
保養，不需要乳液。
洗髮，並不一定需要潤髮。
防曬乳，只是防曬的第三選擇。
多，即是少。當你了解更多，就能做出對肌膚與環境更好的選擇。

相較於大家所熟悉的各種商品文案，上面這段文案談了更多的願景與獨特價值主張，雖然有點出人意表，字裡行間卻也詳實地傳達了綠藤生機的品牌哲學。話說回來，也正因為他們勇敢地揭露了企業的願景，所以讓很多人更願意支持這個本土品牌。

現在，相信你已經能夠分辨標語、短文案和長文案的不同了，也應該知道在什麼場合或是哪些產品，適合運用不同屬性

的內容來推動銷售了！老實說，商品文案是否吸引人，有時候難免會有點主觀或運氣的成分存在。但整體來說，在鑑別文案撰寫的層次以及是否有效的部分，還是有一些大家都認可的衡量標準。

善用 FABE 銷售法則 寫出好文案

　　打個比方，如果有一天你忽然收到主管或老闆的指示，要你幫貴公司的某一款商品或服務撰寫銷售文案。那麼，你會如何著手寫這篇文案呢？

　　我想，一聽到要寫文案，大部分朋友可能都感到很苦惱，但真正困難的不是書寫本身，而是不知道該如何具體地寫出吸引人的精彩篇章？很多人折騰半天，還是只能硬著頭皮開始敲打鍵盤，一開頭就直接介紹該商品的各種功能、規格或價格。但我想你也知道，這樣蠻幹的結果往往沒有什麼好下場，多半會以失敗作收。

　　你也許會問：那該如何是好呢？別擔心！這就是「FABE 銷售法則」該出馬的時刻了！

　　什麼是「FABE 銷售法則」（FABE Selling Technique）？這四個英文字母又代表什麼意思呢？嗯，現在就讓我來跟你解說一下！

所謂的「FABE銷售法則」，是由美國奧克拉荷馬大學企業管理博士郭昆謨所總結出來的一套銷售方法，也就是透過F（Features，特性）、A（Advantages，優點）、B（Benefits，利益）、E（Evidence，證據）等四個環節的說明，來達成銷售目標。

　　簡單來說，「FABE銷售法則」是負責推銷者以文字、視覺或影音的溝通方式向消費者提供分析、介紹各種商品、服務利益的一種好方法。

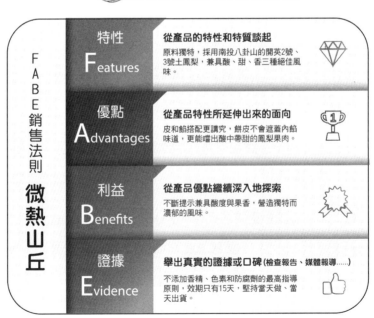

FABE銷售法則

F A B E 銷 售 法 則 微 熱 山 丘	特性 **F**eatures	**從產品的特性和特質談起** 原料獨特，採用南投八卦山的開英2號、3號土鳳梨，兼具酸、甜、香三種絕佳風味。
	優點 **A**dvantages	**從產品特性所延伸出來的面向** 皮和餡搭配更講究，餅皮不會遮蓋內餡味道，更能嚐出酸中帶甜的鳳梨果肉。
	利益 **B**enefits	**從產品優點繼續深入地探索** 不斷提示兼具酸度與果香，營造獨特而濃郁的風味。
	證據 **E**vidence	**舉出真實的證據或口碑(檢查報告、媒體報導……)** 不添加香精、色素和防腐劑的最高指導原則，效期只有15天，堅持當天做、當天出貨。

・以「微熱山丘」為例

接下來，讓我逐一為你說明：

Features（特性）：從產品的特性和特質談起，介紹貴公司的產品具有哪些特色，而且最好是別人沒有的；更重要的是，這些特點可以如何滿足潛在顧客的需求？我們必須深刻洞察每項產品的「產品力」，除了功能、規格與價格之外，更要從產地、材料、定位乃至於產品名稱等不同角度深入探討。唯有找到差異性和市場區隔，才能讓目標受眾留下深刻的印象。

Advantages（優點）：從產品特性所延伸出來的面向，也就是某些或全部特徵為該產品所帶來的優勢。特別是在跟同類型產品比較時，能夠具體呈現更優越之處，如此一來才有機會說服目標受眾。有個地方要特別注意，前面提到的特徵，只是標榜自家商品、服務與其他競品不同的地方；但優點的部分，就得用數據或實證來說明比其他同類型產品更為卓越之處。

Benefits（利益）：從產品優點繼續深入地探索，這些優點能給目標受眾帶來哪些直接的利益或好處？相較於傳統從功能面切入，如今大家更偏好從利益的角度出發來推銷。換言之，透過商品文案的鋪陳，表達商家的所有作為都是以顧客的利益出發，並強調顧客能夠從中得到的好處與利益，藉此激發目標受眾的關注與購買慾望。

Evidence（證據）：如今的消費者耳聰目明，光講產品可以帶來的利益還不夠誘人，也許有些目標受眾還無法深信。為了證明貴公司的產品的確很卓越，不但具備了上述的特徵、優點以及帶給消費者的眾多好處，更要舉出真實的證據或口碑，像是檢查報告、媒體報導、顧客來函與顧客口碑等等資訊來加以佐證。

　　簡單歸納一下，「FABE 銷售法則」就是透過特性、優點、利益與證據等四個面向，來解說商品、服務的相關資訊。好囉，現在你已經知道原理了，那具體該怎麼做呢？

FABE 銷售法則實例演練

　　如果老闆要你銷售一款筆記型電腦，除了要事先了解產品屬性與市場趨勢之外，更要深入理解潛在顧客的需求，還有這群人最可能感興趣的產品特性，像是筆記型電腦的重量、電池續航力與處理器的規格等等。當然，你也會發現，不同族群對於產品的需求也不盡相同。請你理性分析這些特性所衍生的優點，接下來再闡述這些優點能夠帶給顧客的具體利益，最後提出強而有力的證據來強化你的觀點。

　　乍看之下，「FABE 銷售法則」好像沒什麼特別的地方？但是，它的精髓就在於從產品特性出發，但最後卻用證據來收攏，強調可以帶給顧客的整體利益。換句話說，**當我們運用特性、優點、利益與證據等四個面向循序漸進來說明銷售邏輯時，自然能夠把自家商品與潛在顧客做一個強而有力的連結。**

　　如果把「FABE 銷售法則」視為是一個好用的銷售公式，那就是：「因為我們的商品擁有某些特性，所以能夠為你帶來諸多的利益。不信嗎？請看看以下這些有利的證據！」

對了，你曾經吃過鳳梨酥嗎？鳳梨酥相傳最早起源於三國時期，劉備以喜餅迎娶孫權之妹，而在訂婚禮餅中便有以鳳梨入餡所製成的大餅。嗯，這一點是不是讓人很難想像呢？倘若現在要請你來幫某家食品公司所出品的鳳梨酥寫一篇商品文案，你會怎麼寫呢？

我們以臺灣知名的鳳梨酥品牌「微熱山丘」為例，來看看他們是怎麼寫的？

享譽國際的微熱山丘鳳梨酥，選用來自南投八卦山的開英2號、3號土鳳梨，巧妙地混搭了酸、甜、香三種滋味。每一塊來自微熱山丘的鳳梨酥，看起來像是一個豐潤飽滿的金塊，大小分量十足，皮和餡的比例近乎完美！加上它既有酸度，又有果香，不但營造出獨特而濃郁的風味，也令人兩頰生津。多年來，微熱山丘不添加香精、色素和防腐劑，也因為只有十五天的有效保鮮期，所以為了確保品質，至今仍堅持當天做、當天出貨的原則。

看完了以上這段文案，不知道你是否心動、甚至開始流口水了呢？接下來，讓我透過「FABE 銷售法則」來拆解一下這篇商品文案的架構。

在 Features（特性）的部分，微熱山丘一開始就談到他們製

作鳳梨酥的原料相當獨特，是採用南投八卦山的開英 2 號、3 號土鳳梨。不同於其他地方所生產的鳳梨、在風味上可能略微偏酸，反觀微熱山丘所採用的土鳳梨，則是兼具了酸、甜、香三種絕佳的風味。

在 Advantages（優點）的部分，提到微熱山丘鳳梨酥不僅帶有土鳳梨的特色，在皮和餡的搭配也很講究：餅皮既不會遮蓋了內餡的味道，也可以讓消費者品嚐到酸中帶甜的鳳梨果肉。

而在 Benefits（利益）的部分，廠商還不忘跟目標受眾提示它兼具酸度與果香，可以營造出獨特而濃郁的風味，也令人意猶未盡，吃了還想再吃！

最後，在 Evidence（證據）的部分，則強調微熱山丘不添加香精、色素和防腐劑的最高指導原則，所以該公司的鳳梨酥只有十五天的有效保鮮期。為了保障消費者的權益，堅持當天做、當天出貨的原則。

看完這篇文案，你應該不難發現：相較於傳統文案只是一味地宣傳產品有多好或者價格多低廉，「FABE 銷售法則」的精神其實很單純，就是專注於溝通與傳達這個商品可以為目標受眾帶來的利益。

　換句話說，我們在撰寫商品文案時，其實沒有必要刻意運用華麗的辭藻來大肆宣傳，有的時候太過刻意的鋪陳，反而會收到反效果。所以，建議你只需要保持平常心，客觀地分析自家的商品能為潛在顧客帶來哪些利益，更要把這些好處用淺顯易懂的方式傳達給目標受眾。當然，也別忘了提出媒體報導、商品數據或客戶口碑來佐證貴公司商品的卓越之處。

　接下來，讓我再用一個房地產廣告文案的案例，說明如何善用「FABE 銷售法則」來加強目標受眾的購買意願：

　好比我曾經看過一個房地產廣告，它的文案是這樣寫的：

　從生活美學的邏輯出發，醞釀出對建築設計的一種堅持，散發出與您身份相符的居住品味，讓您的新居具有永恆絢爛的美感。

　乍看之下，這段文案讀起來真的很美，問題是你可以從中掌握到哪些重點嗎？能夠一眼就知悉這個建案的相關細節嗎？我想，答案應該是否定的。

　相信大家都曾看過一大堆房地產的廣告文案吧？上面充斥著各種美圖和帶有文青風格的文案。但老實說，與其絞盡腦汁寫出一堆文謅謅且看似很有學問的文案，我倒覺得不如直接跟

潛在客群訴諸重點！

試想，與其花很多時間和心思來撰寫一些無法產生效果的文案，為何不試著「直球對決」呢？如果我們能夠很務實地把這個房地產建案的特色、優點、利益和證據都交代清楚，也許可以收到更好的效果唷！

好比，如果換成下面的說法，可能會更吸引大眾的關注：

我們的房地產新建案緊臨捷運，你只要步行十分鐘立刻抵達捷運站。除了交通便利，附近的生活機能很好，各種餐廳、商店林立，旁邊還有一座占地兩萬坪的公園，讓孩子能夠輕鬆接近大自然！此外，臨海面山的建築，讓人居住起來格外心曠神怡，房子也更加地保值。

我剛剛提到，可以把「FABE 銷售法則」轉換成一套好用的銷售公式：因為這款商品具有某些獨特的特色，所以可以帶來哪些優點，讓你得到具體的利益；最後，再補充相關證據佐證即可。

嗯，不知道現在你是否明瞭了呢？讓我再舉個例子說明，曾經看過某個洗髮精的文案如下：

這款某某牌的洗髮精，添加了氨基酸、胜肽及鑽石等成分，

供給寶貝秀髮足夠的營養，同時還含有植物精萃，可以使粗糙乾燥的髮絲恢復水潤彈性，讓你再現閃耀光彩。對了，這款洗髮精不但洗起來柔順絲滑，連藝人、明星也愛用呢！

比起那些只談功能、特性或價格的商品文案，這篇洗髮精的文案是否讓你有畫面感、也感到怦然心動了呢？

本章小結

　　簡單總結一下，「FABE銷售法則」存在的目的，就是要協助顧客找出他們對某商品最感興趣的特色，除了分析這些特色所產生的優點之外，還要具體說明這些優點可以給顧客帶來的利益。當然，最後別忘了提出強而有力的證據來說服目標受眾哦！

　　話說回來，只要你能夠巧妙運用這四個關鍵環節的銷售模式，除了解答消費大眾的問題之外，更要能夠證實該商品的確可以為顧客帶來具體的利益，如此一來，相信就可以很輕鬆地把商品賣出去了。

　　我想特別提醒一個重點：許多商品的功能或優點也許很明確，通常也很一致；但是對消費者而言，它們在利益或價值面的呈現，卻可能有很大的不同。你不妨利用這個機會，好好地借題發揮一下！

　　打個比方來說，由於大家都有健康養生的觀念，所以近年

來很多運動手環或智慧手錶應運而生。各家廠商所推出的運動手環很輕巧、可以追蹤運動或睡眠狀況等，但是主打的客群和特色迥異，也會帶來不同的利益。

像我自己就有好幾條運動手環，每個產品的價格不一、也都各擅勝場，但為何售價最便宜的小米手環卻能獲得青睞呢？不但我自己喜歡使用，也買了好幾條給家人、親友。老實說，並非其他家的產品不夠出色，而是因為小米手環不需要時常充電的這個利益點，最能夠打動我。

對忙碌的上班族來說，也許我們都已經習慣每天幫智慧型手機充電，但是穿戴式裝置畢竟是戴在身上，若能盡量減少離身的機會，不但量測資料會更準確，也可以節省一些時間。所以，小米手環每充電一次可以使用三十天的特點，便相當吸引我。

很多傳統的商品文案，只是單純地介紹了商品的功能、規格，這樣著實很可惜。一來，很多商品其實是大同小異的；二來，如果沒有對消費者帶來明顯的誘因，那是無法打動人心的。

對了，你平時喜歡聽音樂嗎？試想，一個訴求**容量高達 8G**的 MP3 音樂播放器、和**可以在褲袋裝 2,000 首歌**的 MP3 音樂播放器，以上哪一段文字描述更讓你有感呢？

今天，我教你使用「FABE 銷售法則」來撰寫文案，可以分別從特性、優點、利益與證據等四個層次逐一加以解說，並整理成可以帶動銷售的完整主張。當然，你也可以針對消費者最重視或關心的利益切入，設法運用文字的力量直指核心，讓你想要傳達的利益、價值，設法與消費者的需求達成一致。

這也難怪西方有句俗諺說：「好的特色可以幫產品說故事，但對消費者有足夠利益價值，才能帶來銷售。」（Features tell, but benefits sell.）要向潛在的顧客兜售東西，本來就不是一件容易的事，但只要有方法和策略，我們都有機會可以把任何東西賣給任何人。希望未來你在撰寫各種商品文案時，可以活用「FABE 銷售法則」！

第 5 章

打造有效的行動呼籲，

與客戶產生共鳴

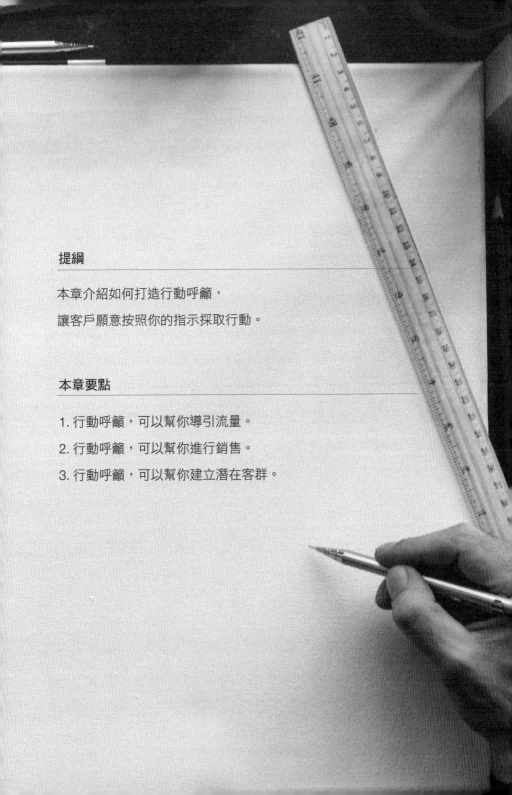

提綱

本章介紹如何打造行動呼籲，
讓客戶願意按照你的指示採取行動。

本章要點

1. 行動呼籲，可以幫你導引流量。
2. 行動呼籲，可以幫你進行銷售。
3. 行動呼籲，可以幫你建立潛在客群。

　　在上一章之中，我為你介紹了什麼是「FABE 銷售法則」？簡單來講，這個方法就是透過一套有效的銷售邏輯，協助顧客找出他們對某商品最感興趣的特色，並且詳實地介紹從特色之中所衍生的優點。但是光這樣還不夠，我們還得具體地說明這些優點可以給顧客帶來哪些利益；最後，也別忘了提出強而有力的證據來說服目標受眾哦！

　　說到撰寫商品文案，相信你現在已經很有概念了。你肯定知道，影響銷售的成敗關鍵通常並不在於文筆好壞，而是能否直指人心，進而爭取目標受眾的共鳴。換言之，想要將傳統的「銷售技巧」轉換成「銷售寫作技巧」也許並不難，但前提是我們得要先想辦法學會掌握**目標受眾的專注力、尊敬和信任**。

　　你一定也知道，光是透過廣告來叫賣，或是一味地在文案中宣傳自家商品的功能、特色，效果可能有限，弄不好的話甚至還會得到反效果。畢竟，在當今這個資訊爆炸的年代，有太多新奇、有趣的事物充斥在我們生活周遭，但是大家匆匆一瞥之後，還是只會對真正有需求、或是能夠幫助自己改善生活品質或工作效率的商品及服務感到興趣。

　　所以，之前建議大家活用「FABE 銷售法則」，直接切入消費者最重視或關心的利益，並善用文字的力量直指核心——讓

你想要傳達的產品利益、價值，得以和消費者心中的期待或需求畫上等號，達成一致。

但是，光採用「FABE 銷售法則」可能還不夠周延；所以，我們還需要進一步洞悉消費者的心理，深入理解他們的需求和想法。如此一來，方能真正喚起這些人內心對於購買商品、服務的渴望。

接下來，本章中我要為你介紹一套有效的心法，可以憑藉文字的力量就能夠說服別人購買商品。沒錯，這個祕密武器就是行動呼籲！

行動呼籲帶來的四大效益

什麼是行動呼籲呢？英文叫做 Call to Action，簡稱 CTA。簡單來說，**行動呼籲是激發目標受眾實際採取行動的一種模式**。我們可以透過文案、廣告橫幅或圖片等方式來喚醒消費大眾的關注，進而驅動這群人採取特定的行動——好比希望這群目標受眾購買商品、或是捐款、參加慈善公益活動等等。

我們可以把行動呼籲視為是一種行銷工具，透過行動呼籲的設置，可以有效增進商品銷售，或是將來自社群媒體的粉絲以及網路流量導引到貴公司的官網等等。

那麼，一個設計良好的行動呼籲，可以帶來哪些效益呢？我認為，至少有四大效益。

第一個效益，導引流量：透過引導人們訪問貴公司官方網站，可以有效建立品牌知名度，並且讓更多人了解貴公司的企業文化與相關的商品、服務。

第二個效益，進行銷售：簡單來講，行動呼籲是銷售漏斗

（Marketing Funnel）的一部分，這是一種數位行銷的策略，從提高目標受眾對公司知名度和興趣開始，最終促成商品、服務的銷售。一個有效的行動呼籲，往往能夠帶來很高的轉換率（Conversion Rate），這也是所有商家最樂見的結果。

第三個效益，產生潛在客群：許多公司行號會運用行動呼籲來識別他們的目標受眾，進而找到那些對自家商品有興趣、並且可能成為未來客戶的人，也就是所謂的潛在客戶（Potential Customers）。很多公司會刻意搜集潛在顧客的名單，然後透過發送電子報的方式與他們互動，以便日後繼續直接推銷或進行交流。

第四個效益，創建商品的直接銷售路徑：經由行動呼籲的連結，可以讓廣大的訪客認識貴公司，並願意造訪貴公司的官方網站。這些訪客可以透過點選連結的方式，直接在貴公司官方網站填寫表單或購買商品，完成交易。

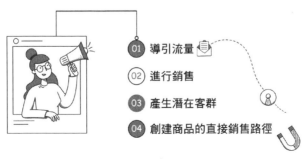

行動呼籲的效益

01 導引流量
02 進行銷售
03 產生潛在客群
04 創建商品的直接銷售路徑

設定行動呼籲指導原則及置入場景

　　現在你應該可以理解，一個有效的行動呼籲並非徒具形式，而是足以帶來巨大的效益！話說回來，我們之所以要絞盡腦汁在商品文案裡面設置行動呼籲，用意很簡單，就是希望激發目標受眾的好奇心與動機，讓他們在看完這些內容之後，願意立刻採取特定的行動。

　　舉例來說，我們可以在許多商品文案中看到行動呼籲的蹤影，像是：立刻購買、馬上報名、了解更多或前往最近的門市……等等。當然，你也可以巧妙運用橫幅（Banner）、按鈕（Button）或一般的商品宣傳圖片，把行動呼籲跟圖像化的設計做一個有效的整合。

　　想要規畫一個好的行動呼籲，往往需要考量到很多細節，除了言簡意賅之外，還必須能夠讓目標受眾很快地理解你的訴求，並且願意採取行動。想當然耳，如果你想要打造一個強而有力的行動呼籲，首先需要先設法抓住目標受眾的眼球，不能讓他們分心，或者看了老半天還抓不到重點。

所以，當你在撰寫文案或構思行動呼籲的時候，建議一開始先不用想太多，而是要設法寫出能夠讓大眾淺顯易懂的內容，並在字裡行間提供明確的利益與行動指示。如此一來，目標受眾才會願意按照指示去採取特定的行動。

看到這裡，你可能想要問我：除了可以在商品文案中置入行動呼籲，還可以在哪些地方設置呢？其實，我們在許多成功的行銷活動中，都不難發現行動呼籲的蹤影，像是：

公司官網：當訪客拜訪貴公司的官方網站時，請確保在網站首頁的各個單元都設置了行動呼籲，讓人們有很多機會可以看到這些資訊，並且願意點閱內容或購買商品。另外，如果貴公司官方網站有附設部落格，也請記得要在部落格文章中置入行動呼籲。倘若貴公司還沒有啟動內容產製計畫，我也建議可以從現在開始寫部落格，為貴公司爭取更多的私域流量。

電子報：很多人誤以為電子報已經過氣，其實這是一種主動出擊的行銷工具。請以固定的頻率（好比每週一次）向訂閱者發送電子報。電子報的內容未必要包山包海，可以每次只講一個知識點，事實上如果太過冗長或複雜，大家也沒有興趣閱讀。請務必記得，要把行動呼籲放在電子報的主文之中！

社群媒體：你也可以考慮在 Facebook、Twitter、YouTube 或是 Instagram 等社群媒體投放廣告，適時在顯著的地方加入一個「了解更多」、「聯絡我們」的按鈕，也就是一種行動呼籲的展現。同時，請設法把人群導引到貴公司的官方網站或專屬的銷售頁（Landing Page）。

好了，相信你看到這裡，應該已經知道可以在哪些地方置入行動呼籲了！

整體而言，**設定行動呼籲的最高指導原則，就是要寫得淺顯易懂，而且還要提供利益和好處。**接下來，我想跟你分享一些有關設計行動呼籲的祕訣。

構思前先設想三個問題

在構思行動呼籲的時候，你不妨先問自己三個問題：

第一個問題，希望目標受眾做哪些事情？

第二個問題，如何確保目標受眾知道自己該做什麼事？

第三個問題，再想想目標受眾為什麼要這樣做？他們可以得到什麼利益？

如果以上這三個問題都難不倒你，可以很快回答得出來，那就表示你所設計的行動呼籲具有可行性，在構思的時候自然也會比較有可依循的方向。

構思行動呼籲的三個提問

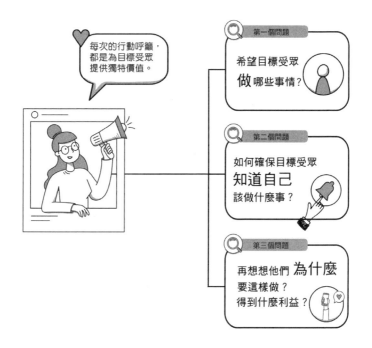

每次的行動呼籲，都是為目標受眾提供獨特價值。

第一個問題
希望目標受眾 **做** 哪些事情？

第二個問題
如何確保目標受眾 **知道自己** 該做什麼事？

第三個問題
再想想他們 **為什麼** 要這樣做？得到什麼利益？

　　請謹記，就每一次的行動呼籲來看，也許目的和需求都不盡相同，但請一定要為目標受眾提供獨特價值，讓他們得知自己花費時間所做的某些事情，是別具意義的……

　　讓我舉個例子來說明，這兩年因為新冠肺炎疫情肆虐，世界上有很多人的工作和生活都受到了波及，所以最近有一些腦

筋動得快的保險業者伺機推出了防疫保單。為了讓大家有更多的防疫保障，同時也著眼於搶攻防疫險的龐大商機，部分產險公司甚至推出了網路投保的專案，也特別提高「隔離補償」保障，滿足民眾想要擁有更完整保障的需求。

這時，某張宣稱在防疫期間擁有八大保障的防疫保單應運而生，這家產險公司就在他們的商品文案上寫著：

只需要花 500 元，就可以在確診隔離時拿到 10 萬元保險金！簡單在網路上投保，買一份安心囉！除了擁有安心防疫的商品組合，更棒的是連小孩也可以投保！

現在就讓我來摘要一下重點。

首先，以這家產險公司的立場來看，他們當然希望社會大眾可以注意到這張新推出的防疫保單，以及知道這張保單的相關權利義務。其次，透過商品文案的說明可以讓廣大的目標受眾得知，這張保單具有稀缺性，所以社會大眾應該把握良機趕快投保，以免錯過大好機會。最後，除了強調網路投保的便利性，也不忘端出牛肉，再次列出防疫保單的具體權益和保障來吸引目標受眾。

嘿，如果是你，你會如何撰寫防疫保單的宣傳文案呢？

打造行動呼籲三大原則

我們除了可以透過以上那三個問題來自我檢視，接下來讓我再跟你分享，要如何打造強而有力的行動呼籲？

以下有三個打造行動呼籲的基本原則，建議你必須把握：

第一個原則，簡單易懂：行動呼籲的設定，就是要讓人一目了然，可以很快讀懂我們預先置入在商品文案之中的指令。

在這裡我想舉一個例子，很多做行銷的朋友可能都聽過這個傳聞，相傳美國蘋果公司有一條內規，是創辦人賈伯斯還在世時所頒布的。他要求蘋果公司員工在撰寫新聞稿和商品文案的時候，必須讓小學四年級的學生都能夠看得懂；如果內容太過艱深、複雜，或是在字裡行間使用了太多的術語、行話，而無法讓一個十歲的孩子一目了然的話，他就會要求員工重寫。

仔細推敲一下，便不難知曉當年賈伯斯的用心良苦：一來是消費大眾的教育程度參差不齊，如果在文案之中加入太多術語，會有讓人看不懂的風險；二來，很多時候消費大眾只是匆

匆看過商品文案，根本沒時間仔細思考和推敲。

　　所以，唯有撰寫一些能夠讓人立刻秒懂的內容，並在字裡行間揭露具體的利益與好處；如此一來，大家才能夠心領神會，並且願意按照指示去執行某些被交付的指令。

　　第二個原則，明確指示：設定行動呼籲，要讓目標受眾可以有一個清楚的方向可以依循。無論你希望大家捐血救人，或是鼓勵社會大眾透過信用卡捐款救助孤兒、出席慈善園遊會來幫助孤苦無依的老人等等，最要緊的是，這些重點一定要說得很清楚！

　　第三個原則，簡潔有力：建議你盡量把行動呼籲寫得精簡一些，如果用棒球的術語來詮釋，也就是「直球對決」的意思。這樣做的好處，除了可以幫大家節省時間，更能夠避免訪客在瀏覽網頁或銷售文案的過程中分心；話說回來，自然也有助於提高成效和轉換率哦！

　　針對以上提到的這三個基本原則，現在讓我舉一個金融產業的真實案例來說明吧！

　　時代的巨輪不斷推動著我們向前走，科技發展可說是一日千里。相對地，以前被認為是特定專業的行銷技巧，現在也已

然成為每個人的必修學分。如今已經進入了全員行銷的年代，所以即便你是擔任行政、客服工作或是在工廠上班，哪怕日常的工作跟行銷沒有什麼直接關聯，但最好也能夠學會基本的行銷技巧。

之前，我曾幫一群金融機構的理財專員上過文案寫作課。他們平常的工作就是為客戶提供投資理財的相關服務，為了增進金融商品的銷售能力，主管就派他們來進修文案寫作的技巧。企業的需求很明確，除了強化這群理專的溝通、表達能力，也希望我可以協助他們找到宣傳的重點方向，進而寫出能夠吸引潛在客戶購買金融商品的有效文案。

我順利完成幾個梯次的企業培訓課程之後，便請這些理財專員試著寫一篇帶有行動呼籲的商品文案。果然不出意料，好幾位學員似乎不得要領，忙了半天還是搔不到癢處。他們只是照本宣科，一開頭就寫著某某投資理財方案多好又多好，到了文案的中後半段才開始提及，如果大家有任何關於投資理財的問題，歡迎來電洽詢云云。

儘管這群學員們在文案中設置了行動呼籲，但是成效並不好。因為既沒有明確指出要閱讀這份文案的目標受眾做哪些事情，更沒有提到如果真的跟理財專員聯繫之後，可以得到什麼

利益或協助？

　　老實說，類似這種傳統的投資理財商品文案，想必大家平常都看過很多了，無須我在此贅述。但你應該不難想像，諸如此類的文案或傳單通常成效都不好，很難以打動那群精打細算的銀行客戶。

　　嗯，你可能想問我：那該如何是好呢？後來，我腦筋一轉，提供了一個建議給這些理財專員，現在也請你參考看看。

　　我是這麼想的：既然這群金融機構的理財專員都身經百戰，在金融產業擁有五到十年以上的實戰經驗，想必對於市場現況以及消費大眾的需求瞭若指掌囉！

　　於是，我便請他們整理出社會大眾在投資理財時最常遇到的問題，並據此寫出常見問答集（FAQ，Frequently Asked Questions）。之後，再從這些「題庫」裡尋找合適的素材來發展行動呼籲，同時也在商品文案中給出具體的解決方案。如此一來，複雜的問題自然迎刃而解，也能夠吸引目標受眾的關注了！

打動人心的四個法寶

　　話說回來，為了促使目標受眾採取像是來電洽詢、訂閱電子報或捐款做公益等特定行為，我們通常需要經過一番精心的設計。換言之，也就是當你在規畫行動呼籲之前，最好要有一套明確且具有執行性的內容策略。

　　道理很簡單，這是因為在當今資訊碎片化的時代，我們的眼球很容易被五光十色的新奇事物所吸引，大家也容易焦躁不安，更沒耐性聽完長篇大論。即便你寫了一篇很棒的文案，但如果沒有經過一番刻意鋪陳和設計，很可能讀者匆匆看了兩眼就離開！

　　以前有句話說：「時間就是金錢」，但在當今的社會，大家應該不難理解，其實專注力遠比時間跟金錢還要珍貴，畢竟這才是我們最重要的資產。所以，如果你想要打造一個強而有力的行動呼籲，首先可得要先牢牢抓住目標受眾的眼球。

　　舉例來說，如果你曾上 PChome、momo 或蝦皮等購物網站

消費的話，肯定會發現某些商家會把加入購物車之類的按鈕，放在整個頁面中最顯眼的地方，甚至用特別的顏色來標示；也有一些商家會改變網頁之中的字體，用粗體字或斜體字來凸顯重點。可想而知，這些設計的用意，無非都是希望喚起人們的注意。

《文案大師教你精準勸敗術》一書的作者羅伯特．布萊（Robert Bly）指出：「光是寫出具有美感的文字還不夠，如果想要成功勸敗，你得深入了解產品或服務、找出顧客購買產品的理由，並將這些概念呈現在消費者願意閱讀、能夠了解且想要回應的文案中——這樣的文案才會有說服力，能讓消費者忍不住想買廣告中的產品。」

那麼，我們該如何打動人心呢？我有四個法寶可以送給你，分別是：**價值感、實用性、獨特性以及緊迫感。**

我在前面的章節曾經提到，想要設計一個有效的行動呼籲，必須先牢牢抓住目標受眾的目光。想當然耳，光是圖文並茂還不夠，如果你能夠在文案中展現出商品、服務的價值感、實用性或獨特性的話，自然會是一個好的開始。

有關價值感、實用性以及獨特性，我相信你應該很容易從字面上解讀，就不在此贅述了。至於緊迫感是什麼意思呢？你

不妨回想一下，在平常忙碌的生活中，其實有太多的事物和我們擦身而過，但可惜的是大多數人卻可能從來不曾正眼看待。

仔細想想，這樣的現象其實很正常。因為如果不是和自己切身相關的議題，或是這件事情有什麼具體或明顯的利益，很可能就會被人們自動忽略了。再不然，大家的心中可能會想著：「哦，那等我有空再來看看好了！」

但可想而知，「有空再看」的結果通常都是無疾而終。如果我們無法適時地營造出一種諸如「秒殺」、「即將截止」、「限量是殘酷的」的緊迫感，可能就不容易喚起廣大受眾的關注了。

簡單來說，當某個商品或服務的需求量遠大於供給量，就會讓人們不由自主地產生高度渴望。所以，適時地祭出緊迫感，也的確能夠提高行動呼籲的成效。

當然，我也要提醒你得注意「物極必反」的道理：千萬不能每次寫文案的時候都玩這招，否則時間久了大家也會彈性疲乏，即便是再好的東西也會無感。

如何將目標受眾的需求具象化？

　　除了掌握上述四個法寶之外，我還有兩個祕訣想要跟你分享。下回當你在設計行動呼籲的時候，也不妨試試看。話說回來，這些都是我自己在設計行動呼籲時所常運用的一些技巧，也相當有效哦！

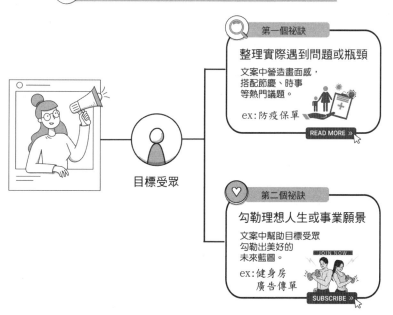

兩個有效的行動呼籲祕訣

目標受眾

第一個祕訣
整理實際遇到問題或瓶頸
文案中營造畫面感，搭配節慶、時事等熱門議題。
ex:防疫保單
READ MORE »

第二個祕訣
勾勒理想人生或事業願景
文案中幫助目標受眾勾勒出美好的未來藍圖。
ex:健身房 廣告傳單
JOIN NOW
SUBSCRIBE »

第一個祕訣：為目標受眾整理出他們實際會遇到的問題或瓶頸。

與其用一些空泛的辭藻來描述商品、服務的特性，我覺得更應該設法讓目標受眾所面臨的問題具象化，如此一來，自然有助於大家意識到這件事情的重要性，進而願意思考和採取行動。想想，如果你在文案中只是輕描淡寫地提到「歡迎與我們聯繫」或是「歡迎填寫需求表單」，你覺得大家就會這麼聽話，立刻跟你聯繫，或是乖乖地填寫表單嗎？

才不會呢！對嗎？

但是如果你能夠在文案中加入一些場景，多從目標受眾的角度出發，設身處地去思考他們的需求，並設法營造一些畫面感，甚至可以再搭配節慶、時事等熱門議題，自然就會引發大家的關注了！就好像前面我提到防疫保單的案例，就是一個跟當下時事緊密結合的案例。

第二個祕訣：幫目標受眾勾勒出他們嚮往的理想人生或事業願景。

不知道你有沒有聽過一句話：「人生有夢，築夢踏實」，很多人汲汲營營一輩子，表面上為了安穩過活而做了很多的犧牲，其實內心不免對未來的生活或工作懷抱著憧憬。如果你在

構思文案的時候，可以預先幫助目標受眾勾勒出一幅美好的未來藍圖，自然也容易吸引這群人聽從指引，採取相應的行動。

這就好像坊間很多健身房的廣告傳單，上面總會用很多身材凹凸有致的美女、帥哥照片做為訴求。這樣做的用意再簡單不過了，無非就是希望勾起目標受眾內心的想望。正所謂「有為者亦若是」，我們都希望自己擁有健美的身材，可不是嗎？

希望你看完本章之後，可以對行動呼籲有更深入的認識與了解。如果你還有任何問題的話，也歡迎在我的官方網站或粉絲專頁留言跟我討論唷！

現在，我要為你設計一個作業。請你動動腦，為貴公司或你個人的商品、服務發想一個有效的行動呼籲！歡迎你寫好之後，透過 Vista 的官網或粉絲專頁與我聯繫。

對了，請確認你所設計的行動呼籲，必須要能夠回答以下這三個問題：

第一個問題，你希望目標受眾做哪些事情？

第二個問題，你如何確保目標受眾知道自己該做什麼事？

第三個問題，請思考一下目標受眾為什麼要這樣做？他們真的行動之後，可以得到哪些利益？

第 6 章

擬定內容策略，讓優質內容被看見

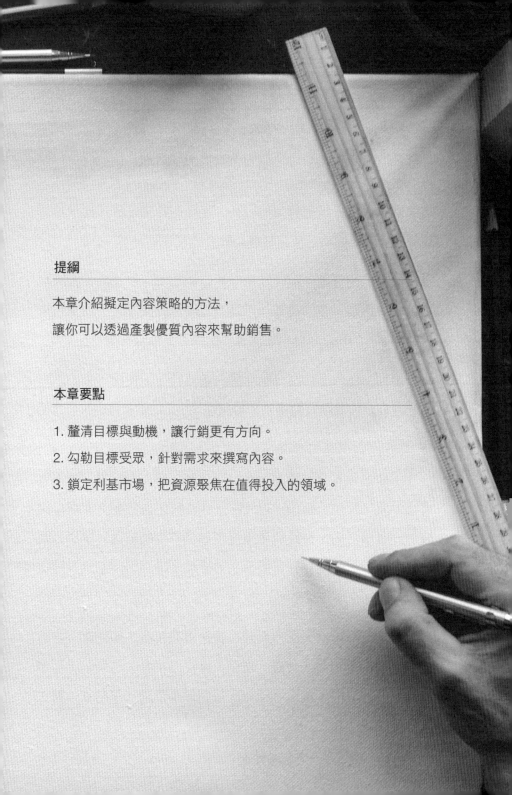

提綱

本章介紹擬定內容策略的方法，
讓你可以透過產製優質內容來幫助銷售。

本章要點

1. 釐清目標與動機，讓行銷更有方向。

2. 勾勒目標受眾，針對需求來撰寫內容。

3. 鎖定利基市場，把資源聚焦在值得投入的領域。

在上一章之中，我為你講解了什麼是行動呼籲；簡單來說，行動呼籲是一種有效激發目標受眾實際採取行動的模式。我們可以透過文案、廣告橫幅或圖片等方式來喚起消費大眾的關注，進而驅動這群人採取特定的行動——好比希望這群目標受眾購買商品、或是捐款、參加慈善公益活動等等。

你可以把行動呼籲視為是一種行銷工具，在商品文案或購物網頁中透過這樣的設置，可以有效增進商品銷售，或是將來自社群媒體的粉絲以及網路流量導引到貴公司的官網。

現在，你已經知道行動呼籲的重要性了。在接下來的這一章，我要跟你談談有關擬定內容策略（Content Strategy）的相關議題。

不知道你有沒有聽過「謀定而後動，知止而有得，萬事皆有法，不可亂也」這段出自《孫子兵法》的典故呢？大意是說我們在做事之前，最好能考慮清楚做這件事的前因、後果以及中間的過程，先盤算好可能發生的變化，懂得因時制宜，這樣才能夠得到不錯的收穫。

只是有點可惜，很多大師在課堂上教策略，卻從來不告訴我們為何要學策略？其實，光是「謀定而後動」這句話，箇中就有很多的學問，足以解釋為何我們做事要講求策略了。就企

業營運而言，擬定策略的目的主要不是為了解決當前的問題，而是引領企業走向未來更美好的經營環境。所以，擬定企業策略，其實也就是要決定企業未來的目標以及達成目標的方法。

美國哈佛大學教授麥可．波特（Michael E. Porter）指出，策略所著重的是找出獨一無二的定位、明確作出取捨，以及加強各項活動的契合度。換言之，策略是要持續找出能強化和延伸企業定位的方法。

社群小編看過來！

　　我們不難理解，策略對企業的重要性。但是聽到這裡，也許你會想問：策略的確是很重要啦，但是這跟寫作或行銷到底有什麼關聯呢？其實，這之間的關係可大著呢！如果你想要寫出一篇擲地有聲的好文章，或是希望爭取更多的眼球與共鳴，我可以很肯定地告訴你：在開始動筆之前，別忙著上 Google 查詢資料，最好先擬定完善的內容策略。

　　在正式開始談內容策略之前，我想先跟大家聊一個話題。

　　近年來，我常有機會應邀到兩岸三地講課。無論是去公部門、公司行號、非營利組織或大學院校分享，其中有幾個主題相當受到歡迎，也時常會有人跟我討論相關議題。

　　你猜到了嗎？沒錯，就是在預算有限、甚至是沒有預算的情況下，要如何透過產製優良的內容來做行銷？

　　有人可能會立刻想到經營社群媒體，藉此達到宣傳自家商品、服務的目的。但問題來了，坊間已經有這麼多的企業、個

人都紛紛開設了粉絲專頁、部落格、YouTube 頻道，甚至還有人開設了 Instagram 和 TikTok 帳號……然而，在百花齊放的狀態下，你又該如何有效吸引大家的眼球呢？

如果你是所謂的社群小編（Social Media Manager），可能每天都在思索要如何打造爆文吧？不知你是否胸有成竹、已經找到了對策，或者對此感到很苦惱呢？

其實，我自己以前也是編輯出身，雖然大家習慣喊我們「小編」，但我很清楚這個工作往往得肩負重責大任，不但要有清晰的思緒，反應也要夠快，才足以因應工作時所遇到的各種難題。

舉例來說，前陣子 Netflix 臺灣的粉絲專頁為了宣傳該平臺的新劇而惹禍上身，Netflix 以《還有明天》的劇情片段配上「風吹日篩（曬）還是買不到」的貼文，疑似嘲笑臺灣社會買不到快篩，引起不少網友反感。後來，該公司正式發出【針對 Netflix Taiwan 社群粉絲專頁貼文爭議事件之聲明】，才平息本次風波（https://bit.ly/netflix-taiwan）。

所以，每當有人問我要如何寫好社群貼文、或者如何提高粉絲數、增加黏著度等類似問題時，我總會想起以前在媒體服務的那段時光。

　　總的來說，無論是傳統媒體或社群媒體，追逐流量的前提，拚的無非就是速度和眼球。既然身為小編，那可得要「十八般武藝，樣樣精通」——不但要熟悉相關領域的大小事，要會寫各種有哏、感動人心的貼文，還要懂得蹭熱點，才能跟上流行趨勢。當然，更重要的是必須避免踩到有關政治或道德的紅線。

　　舉個例子來說，先前我曾看到一則有趣的新聞，高雄捷運公司在 2022 年 5 月 19 日宣布，為了與民眾一起抗疫、加油打氣，特別選在 520 這個日子，為夫妻或情侶檔提供一個小確幸，只要是夫妻、情侶檔穿著情侶裝，當天搭乘捷運或輕軌，都能不限次數免費搭乘。

　　如果你只是單純想蹭熱門時事，快速地寫了一篇介紹「穿情侶裝免費搭乘高雄捷運」的文章，很單純地描述這個活動的由來。嗯，我想曝光擴散的效果很有限，可能無法吸引太多的流量。

　　但我看到有一位署名「新住民莎莎」的 YouTuber 就運用拍攝影片的方式，選擇在 5 月 20 日這天和她的臺灣老公手牽手一起去搭高雄捷運（https://bit.ly/2022-0520）。

　　她不但拍了一部影片放在 YouTube 上頭，還在標題寫著「這

就是水深火熱的台灣！我們想去哪就去哪，政府還請民眾免費搭乘捷運？真的太壞惹！竟公然支持大家放閃～」，你瞧瞧，是不是很吸引人呢？

要知道，一個厲害的社群編輯或文案寫手，不但要懂得借勢，更要能夠快速地挖掘和分析出獨特的特色，並且寫出獨到的觀點。

話說回來，如果你希望自己辛苦產出的商品文案或社群貼文，可以獲得更多讀者的青睞，我會建議你在動筆之前先擬定好具有 SEO 思維的內容策略。這也就是前面提到的「謀定而後動」，建議你先理清思緒，再開始產製精彩的內容！

說到打造具有 SEO 思維的內容策略，我們可以把它拆開來看：

我們先來看看「**SEO 思維**」，我相信你以前可能聽過 SEO（Search Engine Optimization），也就是所謂的搜尋引擎優化。至於 SEO 思維是什麼呢？**簡單講，也就是以被 Google、百度與 Bing 等主流搜尋引擎索引和登錄為前提的發展方針。**

接下來，再來看看什麼是「**內容策略**」呢？根據維基百科的介紹，內容策略是指內容產製過程中的規畫、開發與管理。

這樣講可能有點抽象，讓我換個說法來跟你解釋：**內容策略的存在，其實就是為了創建、發布和管理有用的內容做準備。**

打造內容策略三階段

那麼，我們之所以要大費周章來打造具有 SEO 思維的內容策略，到底是為了什麼呢？說穿了，其實就是為了創建、發布和管理有用的內容，進而讓貴公司的優質內容得以被搜尋引擎乃至於社會大眾「看見」。

無論是銷售智慧型手機、營養保健食品或雨傘，你都需要事先知道目標受眾喜歡什麼、不喜歡什麼，以及他們為什麼購買？那麼，該如何制定內容策略呢？建議你可以從規畫、發布和測量這三個階段著手：

第一個階段：規畫

為了有效發揮社群媒體的力量，讓你的品牌可以與眾不同，就必須思考能夠提供哪些具有價值的內容？如果沒有靈感的話，也不妨從生活消費、娛樂休閒相關的議題切入，設法找到可以激發共鳴的話題。還有一點很重要，社群貼文不能每次都只談論品牌、商品，而必須考慮內容策略是否與目標受眾的需求相吻合？

第二個階段：發布

為了確認之前擬定的內容策略能否落實，建議你可以師法傳統媒體的做法，用內容行事曆（Content Calendar）來掌握內容產生的流程與發布管道。而在建置內容行事曆時，可以把日期、主題、搭配圖像、議題方向以及注意事項等元素加入其中。

如果你對內容行事曆感興趣，也歡迎閱讀我之前所寫過的系列文章（https://bit.ly/content-calendar-links 內容行事曆）。

第三個階段：測量

乍看之下，把內容規畫好之後發布，應該就沒事了吧？但為了確保內容行銷的成效以及優化內容產製的流程，我們必須借助諸多數位工具進行測量。而測量的指標，除了基本的流量、閱覽次數和粉絲人數之外，也可以多關注互動數、評論數和分享數等等。

整體而言，當你想要使用優質內容來驅動行銷、實現業務目標的時候，就需要藉由內容策略的協助。所以，成功的內容策略將可以有效吸引目標受眾，並確保在完成交易之後，依舊能夠維持他們對貴公司商品、服務的興趣和參與度。

只要你能按照我的建議，透過上述的三個階段來打造內容

策略，自然也有助於執行內容行銷了。

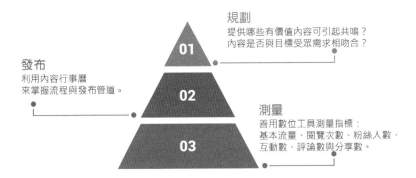

制定內容策略的三個階段

規劃
提供哪些有價值內容可引起共鳴？
內容是否與目標受眾需求相吻合？

01

發布
利用內容行事曆
來掌握流程與發布管道。

02

測量
善用數位工具測量指標：
基本流量、閱覽次數、粉絲人數、
互動數、評論數與分享數。

03

制定策略是內容行銷的先行步驟

　　舉個例子，我以前有一位學員愛咪，她從大學畢業就投入餐飲業，後來選擇銷售早餐麥片作為創業項目，也在朋友的推薦下開始跟我學行銷跟寫作。

　　說到麥片，華人普遍比較陌生，但其實大家的接受程度並不低。所以，一開始愛咪和她的團隊鎖定大學生族群，希望可以滿足年輕客群求新、求變的需求，於是就策畫了很多符合年輕世代喜好的內容。但是，當今大學生的選擇很多，加上可支配所得也比較有限，行銷活動執行了一兩季下來，愛咪很快就發現並不符合原本的預期。

　　她並沒有放棄，還是持續在社群媒體上發布與飲食健康相關的內容，沒想到這些內容居然得到很多女性朋友的青睞，其中又以三十歲到四十歲的女性客群占大宗。我看到這個現象之後，就建議愛咪要順應潮流的變化。

　　所以，她的團隊很快就改弦易轍，開始著手調整產品包裝

上頭的文案與相關的行銷計畫，希望以輕鬆、可愛的調性來吸引這群對健康特別講究的女性族群，進而讓更多人愛上麥片！

你瞧！只是稍微改變了內容策略，愛咪和她的小夥伴們就從早餐市場上獲得很大的迴響，更棒的是她們公司的業績也跟著扶搖直上。話說回來，這當然也是一種內容行銷的做法。

說到內容行銷（Content Marketing），近年來這股風潮可說是方興未艾，無論國內外都有許多企業加入內容行銷的行列。說穿了，內容行銷並沒有什麼特別，也並非新奇的事物，早在1996年就有人開始從事內容行銷了。甚至大家所熟知的米其林美食評鑑，也可視為是一種有效的內容行銷。

換句話說，**內容行銷也就是透過文字、影像、圖片與動畫等媒介，傳達與企業有關的有價值的內容給客戶，並藉此促進銷售。**

所以，無論我們談到內容行銷或者內容策略，最基本的元素其實都是內容；請謹記，特別是優質的內容。

內容，可以說是所有產品、服務的發動機，倘若貴公司想要創建有價值且引人入勝的內容，就一定要借助內容策略的力量來推動。包括社群編輯、文案作者在內的內容產製人員，心

中都要有一幅很明確的藍圖，除了必須事先定義好將要發布哪些內容？更要很清楚為何在特定的時間點發布？同時，也要理解如何善用 SEO 的力量來發揮槓桿效用？

理想的內容策略包含三元素

　　那麼，一個好的內容策略到底需要包含哪些元素呢？我認為，只需要掌握以下三個元素，就會是一個好的開始了！

第一個元素：目標與動機

　　要知道，不同於傳統的文藝創作，在商業世界裡，所有優質的內容都是為了明確的銷售意圖而創建、產製的。所以，相關的目標與動機都必須定義得很嚴謹，不能太過籠統或空泛，以免被誤解。

　　話說回來，如果你還不是很清楚產製內容所需要瞄準的目標，那就意味著你可能還沒有進入狀況，需要先花一些時間來盤點資源。建議你不妨思考一下，自己究竟是為了哪些目標與動機來撰寫文案，是想要增加銷售業績？拓展商品的潛在客群？還是想要提高品牌知名度呢？或者單純想要增加 SEO 的效果？

　　當你已經有了腹案，也很明確地定義了目標與動機，接下來就可以比較確定自己所設定的內容策略，是否符合需求了？

　　讓我舉個例子來說明，如果現在貴公司的主管要你銷售一組營養保健食品給銀髮族人士，你會怎麼撰寫商品文案呢？倘若你對這個市場有一點認識的話，應該會發現當下光是大談保健功能和食品成分，可能已經沒什麼效果了。因為坊間的同類型營養保健食品真的太多了，多到讓人目不暇給。

　　所以，有些公司會另闢蹊徑，找醫生、名人或明星來代言營養保健食品，另外有些公司則會從生活場景切入，找網紅、部落客或意見領袖寫業配文，設法營造一種社會認同與信賴感。

　　你可能想問，為什麼要這樣做呢？道理很簡單，一來是市面上性質相似的營養保健食品已經太多了，不容易讓人留下深刻的印象；二來是最好先理解一下中、老年人對於健康身心的想法與需求，如此方能寫出既吸睛又能讓人願意買單的商品文案。

　　除此之外，你可能還得思索另外一個問題，那就是這些專為銀髮族人士設計的營養保健食品，到底主要的購買者是哪些人？真的是中、老年人自己嗎？還是他們的子女或親朋好友呢？而這些人購買健康保健食品的目標與動機，又是什麼呢？此外，他們在選購商品的時候，究竟是比較在乎營養保健食品的實際效用、還是外在的包裝、品牌形象與價格呢？

第二個元素：目標受眾

我曾在本書的第三章介紹過目標受眾的相關資訊，相信你已經知道設定精準的目標受眾的重要性。可以說，唯有清楚地知道目標受眾的輪廓，你所精心設計的內容策略才會奏效。

透過調查潛在客群感興趣的主題、他們平常喜歡造訪的網站類型、偏好消費的內容、以及大多在哪些社交媒體平臺上共享內容，都可以搜集到對投入行銷活動有幫助和價值的重要資訊。

大家平時不但可以運用 Google、Bing 或百度等搜尋引擎來查詢資訊，我也建議可以善用各大搜尋引擎所提供的相關服務，像是 **Google 公司所推出的「Google 搜尋趨勢」（Google Trends）或是百度旗下的「百度指數」**，可以透過這些工具來掌握消費大眾的喜好與最新動態。

舉例來說，由 Google 公司所推出的「Google 搜尋趨勢」（https://trends.google.com.tw/trends/?geo=TW），非常值得參考。這是 Google 公司所開發的一款服務，該索引顯示了與不同語言和地區在 Google 的搜尋查詢的頻率。只要輸入關鍵字，就可以透過指定的國家（區域）、時間、資料來源範圍，來進行你所搜尋的關鍵字時間序列以及流行度的分析。

此外，大家可能對「百度指數」（https://index.baidu.com/v2/index.html#/）比較不熟悉，如果你想研究大中華市場的消費行為與社會脈動，就不能忽略這個工具。簡單來說，這是一個以百度眾多網民檢索行為數據為基礎的數據分享平臺。透過百度指數可以研究關鍵詞搜尋趨勢、洞察網民興趣和需求、監測輿情動向以及定位受眾特徵等，可說是中國網際網路行業頗為重要的統計分析平臺之一。

透過一連串的調查、分析，以及根據消費大眾的偏好來擬定內容策略，更能夠讓我們迅速理解目標受眾的具體需求。不只是這樣，如果從長遠的角度來看，了解哪些內容最有效以及用在哪裡也很關鍵。而了解目標受眾以及他們平常的行為方式，也有助於你可以聚焦內容策略的核心與範疇，可以把更多的心力與資源彙聚在值得關注的場域中。

第三個元素：利基市場

在這資訊爆炸的年代，網路上充滿了各式各樣的內容，我們的眼球也常被 Facebook、YouTube、Instagram 或 TikTok 等社群媒體上各種五光十色的內容所吸引。

很多消費者把時間花在無謂的內容上，老實說這樣很浪費時間。這不只是對消費者的消耗，對廠商來說，這個現象同樣

值得警惕。道理很簡單，因為我們花了很多心力和資源所產製的內容，原本就應該具有獨特的觀點，可以給目標受眾帶來真正的價值，而不是本末倒置，為了流量隨波逐流蹭熱點，變成網路上可有可無的資訊。

為了避免大家在內容產製時一頭霧水、沒有方向，投入的心血全然白費，我除了建議你要設法營造突出、獨特的內容，也希望你可以專注於自己鎖定的利基市場。

所謂的**利基市場，又可稱為利益市場、小眾市場，是指已有市場占有率絕對優勢的企業所忽略之某些細分市場，並且在此市場尚未供應完善的服務。**一般來說它是由較小的產品市場並具有持續發展的潛力中、一些有需求但尚未被滿足的族群消費者所組成。

在選擇利基市場的時候，建議你先專注在規模比較小的產品市場，然後將全部的行銷資源投入於此，藉由獨特的產品或服務初試啼聲。等你站穩根基之後，再逐步拓展其他的市場。

整體來說，當你愈具體且專注經營某個利基市場時，你在所處的領域裡被視為是權威的機會也就愈大。那麼，無論你的目標受眾是想要尋找特定資訊或者想要娛樂休閒，都會立刻聯想到你。

　　那麼，要如何找到利基市場呢？建議你可以先分析各種領域之中的利基與狹縫市場，設法找到可以發揮的空間，並且思考這個市場是否有商品可以推廣？競爭是否激烈？以及是否具有未來發展性？

　　舉例來說，臺灣的氣候不大穩定，很多地方一年四季時常下雨，所以大家都需要雨具。如果你想進軍雨傘市場，你會怎麼做？無論是遮陽或擋雨，雨傘的確有很大的需求量，但別忘了這個市場上早有大量的競爭者了。

　　針對市場上現有的雨傘產品進行改進，可能是一個不錯的做法，不過缺點是利潤率不如全新產品來得高。但是如果你想要打造一把獨特且具有設計品味的全新雨傘，可能的風險是要投入很多的開發成本，而且消費者還不見得買單。

　　與其拘泥於全新設計或針對現有產品改進，我認為比較保險的做法是先進行市場調查，然後鎖定特定的利基市場。換句話說，也就是針對需要某種雨傘的特定族群提供服務，也許這樣做可以讓你發現一片藍海。

　　像是在網路上享有盛名、被喻為是「臺灣 No.1 雨傘專賣店」的雨傘王，該品牌最大的特色就是提供全世界唯一、雨傘終身免費維修的服務。聽起來這需求有點不可思議，但事實證明終

身免費維修的經營策略其實很正確，也能夠獲得消費大眾的信任與青睞。

內容策略的三元素

目標與動機
· 增加銷售業績
· 拓展商品的潛在客群
· 提高品牌知名度
· 增加ＳＥＯ效果

01

目標受眾
· 興趣主題
· 平時喜歡造訪的網站類型
· 偏好喜歡內容
· 哪些社交媒體上共享內容

02

利基市場
· 分析各種領域中的利基與狹縫市場
· 此市場是否有商品可以推廣
· 競爭是否激烈
· 是否具有未來發展性

03

本章小結

　　除了掌握打造好的內容策略的三個元素，我們還需要注意什麼呢？

　　最後，讓我為你總結一下：

　　釐清目標與動機、勾勒目標受眾以及鎖定利基市場真的很棒，但是光做到這些還不夠！**你還需要重視成果以及實際執行的績效。**我們做任何事，除了謀定而後動，對於想要追求的成果也相當重要，必須了然於心，更需要讓數據說話。換句話說，衡量內容行銷工作的成果，堪稱擬定有效內容策略的重要指標之一。

　　這幾年因為對外講授內容行銷和社群行銷等課程的緣故，我常有機會和各行各業的朋友們進行交流。我發現很多人寫商品文案或社群貼文時都過於急切，急就章的下場就是不但寫作無法聚焦，往往也沒有章法，背後更沒有一套縝密的內容策略。如此一來，感覺只是把白花花的鈔票丟在水裡，這樣實在是很

可惜啊！

畢竟，熱點不是天天有，消費大眾的興趣和需求也非常地多變。成功絕非僥倖，從撰寫商品文案到執行行銷活動，我們做任何事都需要有方法和策略。

看完這一章，希望以後你在產製內容的時候，都能夠以內容策略為依歸。也就是在開始著手構思文案與行銷方案之前，不妨先冷靜地問問自己為什麼？先選定目標受眾並且勾勒出用戶畫像（User Profile）之後，再找出他們的偏好以及有待解決的問題。同時，不忘做好市場區隔，設法讓你的產品具有獨特賣點與特色，且能夠滿足想要鎖定的目標受眾。

如此一來，未來無論進行任何行銷活動，相信你一定可以得心應手！

Netflix Taiwan 貼文爭議事件之聲明：

https://bit.ly/netflix-taiwan

YouTuber 新住民莎莎搭高雄捷運：

https://bit.ly/2022-0520

內容行事曆：

https://bit.ly/content-calendar-links

Google 搜尋趨勢

https://trends.google.com.tw/trends/?geo=TW

百度指數

https://index.baidu.com/v2/index.html#/

第 7 章

寫出吸睛好標題，擄獲讀者的芳心

提綱

本章介紹打造吸睛標題的方法，
讓你可以快速抓住目標受眾的眼球。

本章要點

1. 問題：利用問題來吸引社會大眾的關注與點閱，是
   一種很高明的手段。

2. 幫助：在標題明確列出可以幫助讀者之處，自然就
   能吸引大眾的目光了。

3. 口碑：援引專家、名人的背書，或列出客戶的口碑，
   是最好的助推手段。

4. 承諾：對文章所指涉的事物提出具體的承諾，
   自然也會影響讀者的觀感。

5. 好奇：下標時加上一些創意，除了滿足大眾的好奇
   心，也會讓人充滿期待。

6. 數據：加入具有公信力之機構的調研數據，會提高
   文章的價值與可讀性。

　　在上一章之中，我為你介紹了什麼是內容策略；簡單來講，內容策略是指為了順利產製內容，我們需要事先做一番規畫、開發與管理。換句話說，內容策略的存在，其實就是為了創建、發布和管理有用的內容做準備。

　　而我們之所以要大費周章來打造具有 SEO 思維的內容策略，也就是為了產製優質的內容，進而讓貴公司的相關資訊得以被搜尋引擎乃至於社會大眾「看見」。

　　我想，你已經知道擬定內容策略的重要性了。所以，在接下來的這一章裡，我要跟你談談有關寫出吸睛標題的相關議題。

　　嘿，倘若現在問你一個問題：「什麼是文案呢？」不知道你是否胸有成竹呢？可以簡單回答嗎？如果這個問題要我回答的話，我會說：**「文案寫作，其實是作者與讀者相伴的一段精神旅程。」**

　　成功的文案寫作，自然是以賣出商品或服務為目的，綜合反映出你全部的經歷、專業知識、以及你將這些資訊形成文字的能力。換言之，通常能夠打動受眾的某個場景（例如：使用 LINE Pay 行動支付或街口支付來支付餐費、使用 EZWASH 易立洗的到府收送洗衣服務來省下洗衣服的寶貴時間），背後都有其縝密的商業邏輯。

就像蓋房子之前，我們需要先有一張完整的建設藍圖，工人可得按照圖紙，才能開始動工；而談到文案的布局與內容策略的擬定，我認為道理也是相通的。首先，你得先思考整體的中心思想為何，在開始撰寫文案之前，一定要弄清楚——你到底是想要販售商品、還是想建立品牌形象、或是想推動什麼公益活動？唯有全盤思考清楚之後，再來構思表達方式。

　　話說回來，有了內容策略的輔助，自然能讓我們在寫作時更有底氣。

好標題讓對方照你說的做！

談完內容策略，讓我們言歸正傳，來跟你談談下標這件事。

你是否還記得，在前面的章節中我曾介紹過的三個寫作元素？是的，就是目標受眾（Audience）、特色（Features）以及瞄準目標（Aim）。而商品文案的構成要素，一般說來，包括了：標題、內文、圖片（含圖說、表格或影片）、數據（含專家說法、口碑見證或輔助資訊）、聯絡方式與購買方式等資訊。

如果想要打動目標受眾，我們就必須兼顧以上提到的這些元素；其中，又以標題最為重要。過去在廣告圈有這麼一個說法，**有高達五成以上的廣告效果要拜標題的力量所賜。**

由此可見，標題具有容易吸引人、也有助於傳達整份商品文案的大致意涵、更可以協助鎖定目標受眾等特性。是以，倘若我們能夠寫出吸睛的標題，對於文案本身不但有畫龍點睛的效果，也有幫助傳達、溝通和誘使目標受眾對內文產生興趣的功效。

我的好友、同時也是輔仁大學新聞傳播學系的系主任陳順孝就曾說過，標題寫作是抓取主題、選擇重組材料、語言修飾的三部曲。陳教授也提醒我們，如果想要透過十幾個字順利吸引大家的目光，關鍵就在於對文章主題、材料與用語的選擇和重組。

一個好的標題，往往容易抓住讀者的目光。因此，我們應該多利用最寶貴的篇幅來談論獨特價值主張，以便導引目標受眾採取行動。

之前我曾讀過一位日本作家西脇資哲（Nishiwaki Motoaki）的書籍，他在 2009 年進入微軟公司之後，是當時唯一一位活躍於業界的日本籍溝通傳達專家。他在《做出第一眼抓住人心的好簡報》一書中提到，簡報的重點不是讓對方理解你的想法，而是「讓對方照你說的做」。

話說回來，我們寫文案的目的和用意其實也是相仿的。如果，你也想要「讓對方照你說的做」，那麼為文案寫下一段吸睛標題，可說是至關重要！

下標前先學會換位思考

　　說到下標，這誠然是一門大學問，如果要專門針對這個主題講課的話，也往往可以講上一整天。那麼，在跟大家分享下標技巧之前，我認為更重要的，其實是你應該用什麼視角和心態來看待下標這件事呢？是為了流量的考量而急切地蹭熱點、還是很真誠地想要跟大家分享有趣的觀點呢？

　　我建議你在下標之前，不妨先思考以下這幾個問題：

你認為這篇文章的主軸是什麼？

你預期讀者會有哪些反應？

你希望讀者看到這個標題的時候，馬上會聯想到什麼議題或畫面？

　　嗯，試著回答以上這三個問題，其實也就是幫你**換位思考**。

　　比方以新冠肺炎疫情為例，如果現在要你寫一篇有關政府與人民攜手防疫的相關文章，你打算怎麼做呢？

嗯，千萬不要記流水帳、或是弄得像政令宣導，否則會沒有人想看哦！你倒是可以考慮從居民權益或身心安全等不同面向切入，甚至整理政府新近公布的一系列相關對策，像是大家都很關注兒童施打疫苗的新聞，你不妨可以從衛生福利部疾病管制署對兒童 COVID-19 疫苗接種的方針開始談起。

最近我在某個新聞網站上看到一篇文章的標題，上面寫著「同心抗疫，讓愛溫暖流動」，不但讀起來淺顯易懂，又能縮短與讀者之間的距離，感覺這個標題就寫得很不錯。

又好比前陣子我看到心靈工坊出版的一本新書，書名是《疫起面對，我願意！——新冠蔓延下的人物放大鏡，慈濟醫療以愛戰疫》，作者詳實報導在新冠肺炎抗疫現場第一線醫護人員的作戰實況，透過四十個現場真實故事與七十張紀實照片，細緻展現疫情照護的各種樣貌，有創意、有勇氣、有反思、有感恩。

也許你沒看過這本書，即便光看標題，就會讓人覺得既簡單、直白，又有溫度跟情懷。

文案下標，除了「我手寫我口」，當然也可以運用一些特定的手法，善用誘因、限定或風險等方式來傳遞自家商品或服務的獨特價值主張。除此之外，下標時還可以結合時事、以好奇心或情感面做為訴求，不只是介紹商品、服務的功能、特性

或便利性，更要傳達顯而易見的利益給消費者。

當然，在下標的時候，也可以把一些**關鍵字**或商品名稱嵌入其中。這樣做的好處不但容易引起目標受眾的關注，也有利於搜尋引擎優化（SEO）。

根據Google自2012年1月起統計控制關鍵字、時間、網址、廣告活動和廣告群組等條件的內部資料顯示，光是將關鍵字與廣告標題緊密結合，就能使廣告點閱率平均提升15％。Google進一步指出，如果在廣告標題和內容描述的第一行都包含關鍵字，在68％的情況下都能提升點閱率，顯見這種做法更容易引起共鳴。

如果你的品牌字詞有商標標示（如品牌名稱後附有 ® 或 ™），更容易加深印象；附上「官網」字樣也有加分的效果，特別是如果貴公司的品牌知名度夠高的話。根據 Google 的統計資料顯示，光是加上「官網」字樣，點閱率平均就能提升 2.4%。

其實，有關下標的技巧真的很多，我們也可以跟國際知名媒體學習。舉例來說，英國 BBC 旗下所屬的新聞學院（BBC Academy），就提供非常多有關媒體寫作的參考資訊（https://www.bbc.co.uk/academy/）。其中，也有針對寫作風格提出他們的專業建議，相當值得參考。

BBC 的編輯建議大家，在標題的部分長度一般不要超過 16 字，使用的文字要準確、清楚和上口（讀起來要流暢），也要盡量利用標題顯示內容性質。而在文章中所使用的小標，文字同樣要清晰、準確以及簡明，要確實達到分割文章結構、吸引和引導讀者閱讀的作用。

　　整體而言，打造吸睛標題的目的不只是為了賞心悅目，而是要有能耐**讓人在看到的那一瞬間留下印象，並且感知這是和自己切身相關的議題**。如此一來，借助文案的力量來進行行銷的目的，方可水到渠成。

　　老實說，下標誠然是一門大學問。很多人看書或上課學了一堆下標的套路，卻還是徒勞無功，想想也著實很可惜！所以，除了學習下標的技巧，我更希望你可以從讀者的角度出發，進而透過精準的標題來傳達文案的旨趣與寫作的目的。

　　說到寫作，無論是過去任職於媒體的年代，或是這幾年在外開設文案寫作課，我曾看過很多人所寫的文章標題，也真的能夠理解大家在下筆時的為難。根據我自己的觀察，大部分朋友在下標時並沒有多加思索，只是平鋪直敘地把主題交代完畢。

　　嗯，這樣做固然沒有不對，但是讀起來難免就顯得平淡無奇，往往也沒有說服力和創意，讓人沒有想要點閱的動機了。

善用六大元素 寫出吸睛文案

　　那麼，到底該怎麼做，才能寫出既吸睛又有效的標題呢？我在這邊列舉一些好用的標題元素，推薦你可以斟酌採用：

　　第一個元素，問題：人是充滿好奇的動物，也容易被外界五光十色的事物所吸引。所以，如果能夠利用問題來吸引社會大眾的關注與點閱，其實是一種很高明的手段。作者若能巧妙運用自問自答的方法來破題，通常可望寫出一篇精彩的好文案。

　　自問自答的意思是指，你得先設計一個大家普遍都感到好奇的問題，當這個標題很快吸引到眾人的關注之後，就要趕緊在文案之中提供你的獨到見解或是有效的解決方案。只要你能夠設計出契合大眾需求的問題，往往就能夠水到渠成了。但是有一點要特別注意，那就是如果你提出來的問題很普通或空泛，或者答案沒有什麼特別之處，可能不容易吸引讀者的關注唷！

　　舉例來說，假設你是一位英文老師，現在想要寫一篇英文家教班的招生文案，你會怎麼寫呢？

如果一開頭，你只是列出傲人的托福、多益或全民英檢等相關英語檢定的考試成績，或是洋洋灑灑地解說教學理念等等，這樣就足夠嗎？我想，大家可能會覺得你很厲害、很棒；但是請注意，光是這樣還未必有效、能夠吸引大家來報名上課。

　　你可能會問，這是為什麼呢？其實不難想像，因為現代人的消費行為本來就很複雜，牽涉的範疇非常廣泛。何況坊間已經有各式各樣的英文補習班，大家的選擇也非常多，甚至打開手機就可以跟外國老師學英文了！

　　所以，光是證明自己的英文能力很好、或者很有耐心，頂多足以說明你可能是一位好老師。但很遺憾的是，說了這麼多，這些未必是招生的致勝關鍵。

　　看到這裡，你可能會問我：「要寫出一份吸睛的招生文案已經很不簡單了，如果這樣還不夠，難道還得要新奇、有趣才可以嗎？」

　　嗯，讓我來跟你舉個例子吧！我有一位朋友 Sandy 剛好也是英文老師，她的招生文案標題就寫得很有趣，讓人眼睛為之一亮：「學了這麼多年英文，你真的只會說 How are you 嗎？」這個標題一下就抓住了大家的眼球，後來果然有不少人跑來跟她諮詢，看看可以如何加強英文？

回想一下，我們很多人從小學階段開始，就學了好久的英文，但說來說去可能還真的就是那幾句「How are you？」、「Fine, thank you.」。很多人想要提升英文能力，卻又找不到有效的方法，真的是一件令人非常苦惱的事。

仔細想想，為什麼同樣都是教英文，Sandy 老師的招生文案就能吸引大家的眼球呢？道理很簡單，因為她一開始在標題就說出了大家的心聲。這一點，也值得我們參考和學習哦！

有句話說：「戲法人人會變，巧妙各有不同」，當然你也可以把 Sandy 老師的招生文案標題，套用在不同的情境上，我相信能夠收到不錯的效果。

好比：

．學了這麼多年英文，你可能連加減乘除都說不出來！

．學了這麼多年英文，你能看懂外國餐廳的菜單嗎？

．學了這麼多年英文，你今天能用英文告白嗎？

現在，你會舉一反三了嗎？

第二個元素，幫助：寫作往往要花費很多的心力，所以每篇文案都不能白寫，必須設法發揮效用。如果你能夠在標題講

重點，明確列出可以幫助讀者的地方，想當然耳就能夠吸引大眾的目光了。

之前，我在介紹「FABE 銷售法則」的時候，就曾提到要多談帶給目標受眾的優點和利益，才能吸引潛在客戶的目光。無須多言，這是因為社會大眾普遍只對自己切身相關的問題或權益感興趣，所以如果能夠透過標題就直接闡述可以帶給讀者的利益或好處，自然能夠吸引他們繼續往下看。

藉由標題的烘托與鋪陳，可以充分表達我們的所有作為都是以讀者的利益、福祉為依歸，透過強調目標受眾能夠得到的幫助，自然能夠激發眾人的關注與購買慾望。

打個比方來說，如果你在一家專門銷售葉黃素、維他命等營養保健食品的公司服務，那麼請問你要如何為商品文案下標呢？

以葉黃素來說，一般人可能只聽過它的名號，卻不熟悉它的成分是什麼？有哪些效用？

透過 Google 搜尋，我們可以得知：葉黃素是一種天然存在於蔬果中的類胡蘿蔔素，屬於光合色素，具親脂性而通常不溶於水。葉黃素是一個很好的抗氧化劑，可以保護細胞避免受自

由基的傷害。葉黃素也可能對預防年齡相關性黃斑部退化、降低白內障發生率、或改善糖尿病視網膜病變患者的視覺對比敏感度有幫助。

現在明白了葉黃素的效用之後，你該如何為商品文案設計一個強而有力的標題呢？

我還記得，之前曾經在某個媒體上看到有篇報導的標題是：「葉黃素要飯前還飯後吃？攻略大公開！」

當時，這篇報導很快就吸引了我的目光，因為我原以為服用營養保健食品就跟吃藥一樣，應該是飯後吃才對。事後想想，我覺得這樣的下標方法很聰明，文字本身既簡單扼要，又帶有一些懸疑性，的確會吸引想要愛護眼睛的朋友們的關注。

另外，我也看到一篇文章的標題是：「多吃深綠色和黃色系蔬菜，幫你補足葉黃素！」嗯，我覺得這種「開門見山」的下標法也很好，直接點出了食用這些蔬菜可能對人們帶來的幫助。

我還依稀記得，在今年農曆新年春節的時候，曾在報紙上讀過一篇新聞，它的標題是「長假過後眼睛酸澀，護眼葉黃素完整吸收小撇步」。

嗯，這樣的下標法很直接，而且也會讓過年期間忙著追劇或打牌的朋友們想到護眼的重要性。所以，這個標題自然會吸引那些用眼過度的朋友們的重視，甚至立刻想要去買一罐葉黃素來吃。

第三個元素，口碑：倘若能夠在標題援引專家、名人或學者的背書，或是列出客戶的正面口碑，無疑是一種最好的助推手段。

很多廠商費盡心思寫了一大堆吸引人的商品文案，卻往往因為過度自吹自擂而無法得到社會大眾的青睞。與其「老王賣瓜，自賣自誇」，倒不如多運用一些口碑、證言，效果往往會更好！

其實，人們普遍相信權威，所以你如果能夠設法爭取到社會上具有名望的專家、名人或學者的背書，甚至是意見領袖、網紅的見證，自然能夠引發目標受眾對於貴公司商品的興趣，也會很樂意繼續閱讀相關的資訊。

舉例來說，我以前曾在書店翻閱過一本書，對它印象深刻。它的書名很直接寫著《全世界第一等的英語學習法：15 位名人的私房英語學習祕訣，讓你受用一生！》，想想這家出版社真厲害，可以一口氣請到十五位名人站臺，效果可想而知。

嗯，讓我再舉個例子吧！如果你看到一篇文章的標題是「哈佛大學推薦 10 個快樂習慣，從學會感恩做起！」，你會不會對那 10 個快樂習慣感到好奇呢？因為是來自全球一流學府美國哈佛大學的推薦，所以儘管還沒看到內文，我猜想大家應該都會想要一探究竟吧！

不過，請容我提醒一下，貴公司在請專家、學者或名人代言的時候，也要注意相關法規的規範，還有廣告內容不得造假。否則一旦被民眾或競爭對手檢舉，不但會被罰款，可能也會對商譽造成損害，反而得不償失哦！

第四個元素，承諾：作者如果能夠對文案中所指涉的事物提出具體的承諾，自然也會影響讀者的觀感，並且提升信任感。

周杰倫有一首歌叫做《給我一首歌的時間》，老實說我已經忘記它的曲調了。但是，我不得不承認，這首歌的歌名讓人印象深刻。前陣子他推出最新專輯《最偉大的作品》，同樣也讓人感到好奇不已，想要知道有多麼「偉大」？

所以，當你在為文案下標的時候，不要光用華麗的辭藻來鋪陳，其實可以善用承諾的力量，迅速地讓讀者知曉看完這篇文案之後，可以得到哪些利益或好處？如此一來，大家自然願意給你一首歌的時間了！

言歸正傳，你若想要寫出理想的承諾式標題，**首先必須瞄準目標受眾的痛點與需求**。這也是我們在下標時，可以選擇的一個既簡單又明快的做法。話說回來，很多時候消費大眾並不是不願意購買貴公司的商品，而是這些商品可能無法直接滿足他們的需求，或者也可能不容易克服一些複雜、難纏的痛點。

所以，下回當你在銷售商品的時候，如果可以給出一個具體的保證或承諾，自然就比較容易討好人們，滿足大家喜歡被給予承諾的尊榮感。

舉例來說，之前我曾在臺北東區街頭拿過一張便當店的傳單，上頭的文案寫得很直白：「不好吃免錢，就算吃了幾口也退費！」雖然標題本身沒什麼文采可言，但是卻能吸引眾人的目光，可想而知大家願意給這個便當店一個機會，花錢購買他們的便當。

說到飲食，上回我還看到有一間廚藝烹飪教室的招生文案，也讓人過目不忘！文案標題寫著：「給我 30 分鐘，教你學會 5 道家常菜！」，看到這裡，是不是讓你眼睛為之一亮呀？這家廚藝教室的經營者很厲害，懂得善用數字來凸顯他們的強項與特色。

要知道「民以食為天」，社會大眾普遍對吃是很感興趣的，

但話說回來，為何很多人還是「君子遠庖廚」呢？答案也許出乎你的意料，並不見得是因為烹飪很難學，而是現代人普遍忙碌，大家都怕煮菜做飯的前置作業很麻煩，或者壓根兒就討厭廚房的油煙味。

所以，這家烹飪教室的負責人公開提出承諾，要教大家在半小時之內學會煮五道家常菜，果然就吸引了很多人的關注！想想，他們只是在標題承諾對於這個難解問題的解決方法，就能捕獲更多的眼球，是不是很聰明呢？

第五個元素，好奇：下標的時候若能加上一些創意，除了滿足大眾的好奇心，也會讓人對這篇文章充滿期待。

乍看之下，這和我先前提到的第一個元素有點相似，但兩者略有不同：問題型的標題，通常要在內文給出很具體的答案；但反觀好奇型標題，則未必要提供完整的答案，有時也可以提出質疑或是令人莞爾的觀點，甚至是大膽地顛覆社會大眾的想法，讓讀者自行思考或尋訪答案。

一個耐人尋味的標題，往往能夠讓讀者產生好奇心與求知慾，想要從文內找尋線索。所以，我們在構思標題的時候也需要換位思考，從讀者的角度出發，才能讓文章的標題更具有吸引力。

在日常生活中，有各式各樣的事情時時刻刻在發生，有些事情看起來稀鬆平常，但也有些時候會讓人匪夷所思。好比我看過一些文章的標題，像是：「為何母親節的日期是五月的第二個星期天？」「《鬼滅之刃》到底為什麼會紅？」「橘子要怎麼挑才好吃？」這些題目都能勾起大家的好奇心，甚至讓人會心一笑！

甚至，我還在微信公眾號上頭看過一篇文章，標題我還記得是「一天吃一餐，這樣算是健康嗎？」雖然看完之後，我還是無法確信一天只吃一餐這樣的做法是否適合每個人？不過，至少作者已經成功地吸引了社會大眾的目光，也讓我耐著性子看完整篇文章了。

第六個元素，數據：人們通常相信資料與數據，也崇拜權威，說穿了，這就是人性的展現。倘若你能夠在文案中加入一些具有公信力的機構，像是政府部門、研究機構或是知名大學針對某些事物所發布的調查數據或研究報告，自然會提高內容的價值與可讀性。

好比之前我看過一篇雜誌報導，上面提到：「哈佛大學長達 75 年的快樂研究：美好人生建立於良好關係」，看到這樣的標題，不免會讓人想繼續往下看。

我之前還讀過一篇文章，標題寫著：「根據樂高集團的調查顯示，想當 YouTuber 的小朋友比想當太空人的多三倍！」，雖然我還單身、沒有小孩，但是當初一看到這個標題，馬上就抓住我的目光，讓人印象深刻！

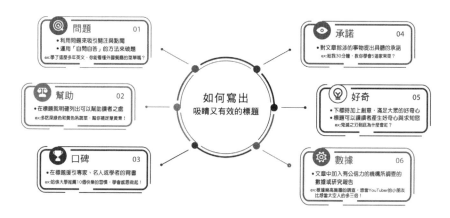

六種好用標題元素

問題 01
• 利用問題來吸引關注與點閱
• 運用「自問自答」的方法來破題
ex:學了這麼多年英文，你能看懂外國餐廳的菜單嗎？

幫助 02
• 在標題就明確列出可以幫助讀者之處
ex:多吃深綠色和黃色系蔬菜，幫你補足葉黃素！

口碑 03
• 在標題援引專家、名人或學者的背書
ex:哈佛大學推薦10個快樂的習慣，學會感恩做起！

如何寫出
吸睛又有效的標題

承諾 04
• 對文章指涉的事物提出具體的承諾
ex:給我30分鐘，教你學會5道家常菜？

好奇 05
• 下標時加上創意，滿足大眾的好奇心
• 標題可以讓讀者產生好奇心與求知慾
ex:鬼滅之刃到底為什麼會紅？

數據 06
• 文章中加入有公信力的機構所調查的數據或研究報告
ex:根據樂高集團的調查，想當YouTuber的小朋友比想當太空人的多三倍！

對了，前兩年我曾經看過一篇報導，談到作家咪蒙的下標方式：咪蒙的每篇文章，何以能締造「10 萬＋」的點閱率呢？她的團隊都做了哪些事呢？首先，一口氣先寫出五十個標題。然後將五十個標題放到五千個人的微信群中進行投票，由社群決定出最好的標題。

之後，他們才以獲選的標題正式對外貼文；並且根據網友對

此文的回應，員工再寫出一萬字的追蹤報告。

　　嗯，我相信你可以從咪蒙的案例中得到一些啟發！如果我們無法幫每一篇文章都取五十個標題，至少可以取三個標題吧？然後，再從這三個標題之中，挑選出最能攫取讀者注意力的一個標題。

　　其實，下標沒有想像中的困難，一開始其實不用想太多，先從「我手寫我口」開始也不錯。我想，真正困難的其實是要如何旁徵博引，進而活用寫作技巧，期能爭取讀者的共鳴。這個部分，就必須請你多動手練習囉！如果有任何的寫作問題，也歡迎與我聯繫。

本章小結

　　介紹完上述的六個標題元素之後，讓我總結一下有關下標的注意事項：

　　首先，一個好的標題要做到哪些事呢？我認為必須隱含與目標受眾切身相關的議題，同時也須明確告知目標受眾可從中獲得哪些利益或啟發？

　　其次，要如何透過標題抓住目光呢？我建議你可以多說說好處、新聞性和勾引大家的好奇心。想想有什麼事物剛好是讀者需要、且對他有幫助的？又有哪些事物是以前從所未見，或看起來不大一樣的？設法讓讀者去猜測這是什麼，進而激發他們的動機。

　　再來，一個好的標題必須回答讀者以下問題──

　　這篇文案在談什麼？

　　這篇文案有哪些重點？

讀者為何要關注？

讀者為何現在要閱讀？

最後，我還想給你一個小建議，就是巧妙運用標點符號！這不但有助於讀者閱讀，更可以引發大家的好奇。在標題中，最常看到逗點、驚嘆號乃至於破折號的出現，你可以斟酌使用唷！

如果你已經把標點符號都還給老師了，那該怎麼辦呢？沒關係，我想推薦你閱讀好友康文炳老師的著作《一次搞懂標點符號》（https://bit.ly/punctuation-marks），只要花點時間閱讀，相信你很快就可以弄清楚標點符號的正確使用方法了。

BBC Academy:

https://www.bbc.co.uk/academy/

一次搞懂標點符號:

https://bit.ly/punctuation-marks

第 8 章

寫出引人入勝公司簡介，
建立和客戶的強大接觸點

提綱

本章介紹如何撰寫精彩的公司簡介，
讓客戶可以對貴公司產生好感。

本章要點

1. 引發關注：不要過度美化公司形象，而是要講重點，
   吸引大眾的關注。

2. 尋求認同：提出具體的願景、價值觀與優質服務，設
   法尋求對方的認同。

3. 激發共鳴：設法做到讓讀者除了認同，還要有一種安
   心的歸屬感。

在上一章之中，我為你闡述了寫出吸睛標題的重要性，同時也為大家介紹六個好用的標題元素，分別是：問題、幫助、口碑、承諾、好奇以及數據。

一個理想的標題，必須隱含與目標受眾切身相關的議題，並明確告知對方可從中獲得哪些利益或啟發？如果我們可以換位思考，從讀者的角度出發，多說說對目標受眾有幫助的利益、好處，並且設法勾引大家的好奇心，自然能夠吸引大家的目光，進而激發閱讀的動機。

對了，還有一點很重要！也許是被坊間某些書籍或網路文化所誤導，或者是受到「內容農場」（Content Farm）的影響，近年來我發現很多人寫文案都喜歡帶著點「語不驚人死不休」的風格，彷彿這樣才能吸引大家的眼球。

要知道，如果你可以把標題寫得生動活潑固然好，但是請謹記，標題本身是負有重要任務的。換言之，一個好的標題不但要吸睛，更需要回答讀者的以下問題——也就是這篇文案在談什麼？有哪些重點？讀者為何要關注？以及為何現在要閱讀？

我之前曾提到，成功的文案寫作，自然是帶有明確的銷售意圖。所以，事先擬定一個吸睛的標題就顯得相當重要了。但

是，想要順利銷售商品或服務，光是把標題跟文案寫好還不夠；換句話說，還有許多其它的細節需要照顧。

現代的消費者普遍耳聰目明，他們在挑選商品的時候，不單單只注重產品本身的質量或價格，往往也很重視公司的品牌形象，甚至會對企業的發展沿革和品牌故事感興趣。所以，把商品文案寫得淺顯易懂只是第一步，接下來你還得寫好關於貴公司的介紹，跟大家說一個好故事。

下筆前先從五面向思考

　　說到這裡，讓我想起之前常有機會對企業界人士講授「媒體溝通與新聞稿撰寫」的課程。這幾年下來，課程內容幾經更新與迭代，但其中有一個環節是每次課程必講、也是大家很感興趣的──那就是如何寫好企業簡介？

　　看到這裡，你可能腦袋裡會有一堆的問題：什麼是企業簡介？為什麼要寫企業簡介呢？這些介紹文字，又是何時會派上用場呢？撰寫企業簡介，就是為了幫公司美化形象、搽脂抹粉嗎？

　　舉例來說，如果你本身有寫新聞稿的需求、或是有機會閱讀其他公司行號所撰寫的新聞稿，應該會常在新聞稿的下方看到一段公司簡介。

　　舉例來說，你知道資策會旗下有一個專業的智庫名為「產業情報研究所」嗎？他們的簡介又是怎麼寫的呢？

　　資策會產業情報研究所（Market Intelligence & Consulting

Institute, MIC）成立於 1987 年，專執 IT 產業各領域的技術、產品、市場及趨勢之研究，並以「領航亞洲 IT 產業情報暨顧問服務」之專業智庫自許。

再舉一個例子，相信你一定有使用 LINE 這款即時通訊軟體吧？但是，你有看過 LINE 的公司簡介嗎？

總部位於日本的 LINE 以「拉近你我的距離」為企業使命，透過多元的行動服務與內容，致力將人們、資訊與社會緊密連結。自 2011 年 6 月以通訊軟體的型態推出，現更推展其多元的全球生態系，並將觸角延伸至人工智慧、金融科技等領域，積極實現「智慧入口」的願景，2021 年 3 月，LINE 與日本規模最大的網路科技集團之一 Z Holdings 正式整併，未來也將持續提供用戶享有最即時、便利的行動生活。

對於企業來說，公司簡介就是和廣大消費者的第一個接觸點，重要性不言而喻。即便貴公司平時比較少對外發送新聞稿，企業簡介還是派得上用場，我想至少也需要在官方網站上寫一段有關貴公司的相關介紹吧！

無論是對媒體發送的新聞稿、或是每家公司都應該設置的官方網站，公司簡介可說是相當重要的媒介，因為這是**一般社會大眾認識貴公司的起點**。所以，現在就讓我來跟你聊聊該怎

麼寫公司簡介吧。

也許你會感到不解，公司簡介不就是依序寫下公司的歷史、營業規模、團隊成員和服務項目嗎？還需要特別教嗎？嗯，其實不然。以往，也曾有很多朋友或學員跟我反映，相較於商品文案，看起來規格制式的公司簡介反而不好寫。

是呀，這一點倒是不難想像。因為一般人如果沒有受過職場寫作的訓練，往往很難用短短幾百字交代公司的發展沿革、產品線、企業文化和獨特的價值主張，所以常不知從何下筆，儼然是很正常的事情。

如果真的不會寫，那該怎麼辦呢？以往，我在講授有關「媒體溝通與新聞稿撰寫」課程時，都會舉出很多實例跟學員們分享，希望大家可以藉由觀摩其他企業的案例，來學習寫作的技巧。現在也建議你，在開始撰寫有關貴公司的簡介之前，除了多參考其他產業的寫法之外，不妨先盤點一下自家公司的特色、文化與資產，這樣將大有幫助。

舉例來說，你可以先想想以下這幾個問題：

貴公司何時創立？主要的產品為何？

貴公司有多少位員工？在哪些城市設有據點？

貴公司曾經得過什麼獎項？達成哪些里程碑？

貴公司曾經在何時、什麼情境下創造特殊紀錄？

貴公司的願景、價值主張是什麼？

如果以上這幾個問題，你都能夠很有自信地回答出來，相信就有足夠的素材可以撰寫公司簡介了。

他山之石──相關實例探討

一般而言，一份完整的公司簡介通常包括以下的相關資訊：

公司概況：貴公司成立的時間、資本額、公司性質、公司規模、員工人數、總部及分公司的分布等。

發展現況：貴公司的發展沿革、里程碑、得獎紀錄等。

公司文化：貴公司的經營理念、成立宗旨、目標、使命、願景、價值主張等。

公司產品：貴公司的商品、服務等。

銷售網絡：貴公司的商品銷售量、各地銷售點等。

售後服務：貴公司售後服務的服務方式、相關承諾等。

接下來，讓我們看看幾個實際案例，相信大家更能夠找到撰寫公司簡介的參考方向。

首先，我來跟你分享小米公司的案例。說到小米，大家都知道這家公司是由連續創業家雷軍所創立，當初係以小米手機

起家的。短短幾年內小米業務成長飛快，一路從手機、穿戴式裝置、行動電源、耳機做到智慧電視、電風扇、體重計和檯燈等等產品，如今該公司的產品已深入許多家庭中。

小米公司的公司簡介是怎麼寫的呢？在這邊摘錄一段，跟你分享：

讓每個人都可享受科技的樂趣

小米公司正式成立於 2010 年 4 月，是家專注於先進智慧手機、互聯網電視以及智慧家庭生態鏈建設的創新型科技公司。

始終堅持做「感動人心，價格厚道」的好產品，「讓全球每個人都能享受科技帶來的美好生活」是小米公司的願景。小米公司首創了用互聯網開發模式開發產品的模式，用極客精神做產品，用互聯網模式去除中間環節，致力於讓全球每個人，都能享用優質的科技產品。

除了以上的介紹，小米公司也在公司簡介裡完整地闡述了他們的願景和理念，讓大家可以更理解小米精神，相信也能滿足大家的好奇心。

看完小米公司的簡介，現在你是否能夠在腦海裡建立該公司的輪廓了呢？我特別喜歡開頭的那句「讓每個人都可享受科

技的樂趣」，不但清楚地點出了小米的定位和產品屬性，內文更是運用了大量的數據，也多次提到他們的品牌價值與發展願景。

說到中國電商領域的發展，除了大家耳熟能詳的阿里巴巴，你很難不想到近年來迅速崛起的京東集團。接下來，讓我們看看這個電商巨擘的企業簡介。

京東於 2004 年正式涉足電商領域。2014 年 5 月，京東集團在美國納斯達克證券交易所正式掛牌上市，是中國第一個成功赴美上市的綜合型電商平台。2020 年 6 月，京東集團在香港聯交所二次上市，募集資金約 345.58 億港元，用於投資以供應鏈為基礎的關鍵技術創新，以進一步提升用戶體驗及提高運營效率。

2017 年初，京東全面向技術轉型，迄今京東體系已經投入了近 800 億元用於技術研發。

京東集團定位於「以供應鏈為基礎的技術與服務企業」，目前業務已涉及零售、科技、物流、健康、保險、產發和海外等領域。作為同時具備實體企業基因和屬性、擁有數字技術和能力的新型實體企業，京東在各項實體業務上全面推進，並以扎實、創新的新型實體企業發展經驗助力實體經濟高質量發展，

築就持續增長力。

京東集團奉行客戶為先、誠信、協作、感恩、拼搏、擔當的價值觀，以「技術為本，致力於更高效和可持續的世界」為使命，目標是成為全球最值得信賴的企業。

嗯，看到這裡，不知道你有沒有發現？京東集團除了在一開頭交代了他們的發展歷程，也明確地闡述了定位、願景，還運用了大量的數據來佐證該集團的成長。再來，京東也把他們的價值觀和經營理念寫在企業簡介裡，讓消費大眾可以清楚得知相關的資訊。

接下來，我們再來看看格力集團如何用數字來跟大家闡述品牌故事？

從一個年產值不到 2000 萬的小廠到多元化、國際化的工業集團，二十多年間，格力電器完成了一個國際化家電企業的成長蛻變。在塑造品牌形象的過程中格力堅持與時俱進的品牌思路，針對不同階段的市場需求及社會現實，格力給品牌不斷「注入」新的理念，使得品牌始終保持著新鮮的生命力，回顧過往，主要對品牌進行五次品牌理念的更新升級：

品牌 1.0 版：「制冷強大」——「格力電器，創造良機」

品牌 2.0 版：「質量為王」──「好空調，格力造」

品牌 3.0 版：「科技領先」──「格力，掌握核心科技」

品牌 4.0 版：「責任擔當」──「格力讓天空更藍、大地更綠」

品牌 5.0 版：「服務世界」──「讓世界愛上中國造」

　　綜觀格力集團的企業簡介，不但用淺顯易懂的文字描述他們篳路藍縷的發跡歷史，更特別運用了版本迭代的概念來展現該集團的銳意革新。所以，我們可以從品牌 1.0 版逐步演進到 5.0 版的過程中，從最早的「格力電器，創造良機」一路進化到「格力讓天空更藍、大地更綠」、「讓世界愛上中國造」。不但可以清楚看到格力集團的發展軌跡，也可以理解該集團重視環保與身為中國知名品牌的驕傲。

　　對了，格力集團的服務理念「您的每一件小事都是格力的大事」，不但淺顯易懂，也非常能夠獲得共鳴。當然，你也可以嘗試用這種方式，寫出專屬於貴公司的服務理念哦！

新創或小企業
同樣可寫出好的公司簡介

　　看到這邊，你也許會想：我在上面提到的案例都是一些知名的集團或大公司，當然有很多題材可以發揮……但如果自家公司的規模不大，只是一般的中小企業，或者才剛剛開始創業，那怎麼辦呢？

　　嗯，大家都說「巧婦難為無米之炊」，倘若沒有足夠的宣傳素材可以發揮和應用，要怎麼寫好公司簡介呢？

　　其實，撰寫公司簡介的重點不在於宣傳素材或文筆好壞，而是有沒有「用心」。話說回來，只要你花點時間認真地**盤點貴公司的資源、釐清定位以及具體勾勒願景、目標**，一定可以寫出精彩的公司簡介。

　　舉個例子，我們可以看看方格子這個本土網路內容創作社群的案例：

　　方格子 Vocus 是一個新型態的創作與交流平台,提供全無廣告、乾淨簡潔的創作及閱讀空間,也支援內容付費機制,協助作者被更多人看見,並進一步獲得合理的報酬。在這裡,你可以享受創作與交流,分享知識及想像。如果你喜愛閱讀,渴望聽見多元聲音,更不應該錯過這些精彩內容!

　　從方格子的案例可以得知,只要清楚寫出公司的服務特色和經營理念,自然能夠讓人理解這間企業的屬性與服務範疇,也就不難獲得目標受眾的青睞了。

　　撰寫公司簡介的時候,要從讀者的角度來思考,大家想要知道有關貴公司的哪些資訊?所以,並不需要長篇大論,只要完整地寫出重點即可。換句話說,短小精悍的公司簡介,同樣有機會能夠贏得大眾的青睞。

　　舉例來說,好比以下所提到的「蝦皮購物」,就是以言簡意賅的方式來對外宣傳,儘管篇幅並不長,還是在短短的一兩百字之內完整地介紹了該公司的發展沿革:

Shopee 是東南亞以及台灣領先的電商平台

　　創立於 2015 年,是一個為本地區量身定制的平台,為用戶提供安全與快速的購物體驗,並透過強大的金流和物流系統協

助客戶。我們認為線上購物應是暢通無阻、順暢且愉快的。這就是 Shopee 每天都希望在平台上實現的願景。

對了，如果你知道搜尋引擎優化（SEO）與行銷科技（MarTech）的重要性，可能會聽過阿物科技這家公司吧？該公司的簡介同樣寫得簡短有力，同樣也可以參考：

awoo Intelligence 阿物科技成立於 2015 年，以 AI 驅動的 MarTech 台灣新創，結合人工智慧與行銷智慧，首創以產品為中心，深度了解消費者意圖的預測模型，推出台灣第一個全通路 AI 行銷自動化平台。提供超過 20 個功能與服務的 SaaS 模式，涵蓋流量獲取、轉換優化、再行銷、會員留存與數據加值應用，協助零售與電商打造全通路無縫接軌的超個人化用戶體驗。2017 年起獲得矽谷多位知名軟體投資家與企業家連續投資，2020 年完成 A 輪募資。目前於東京、嘉義與台北皆設有營運據點，並擁有 30 位專職人工智慧團隊成員的 AI Lab。

從以上我跟大家分享的幾個案例，可以發現儘管這幾家企業的屬性不同，但他們卻都不約而同地在公司簡介裡，提到了創立沿革、服務項目、理念願景和價值主張。這也呼應了上頭我請大家思考的五個面向，希望對各位在撰寫公司簡介時有幫助。

　　整體來說，公司簡介是一家企業向社會大眾傳達經營理念與營運現況的方式。有別於商品文案的重點在於宣傳商品本身的特性與優點，公司簡介除了要宣傳企業本身的卓越服務，也要以清晰、易懂的方式對社會大眾傳達經營理念與價值主張。

　　所以，在公司簡介裡頭除了記載成立日期、發展沿革、資本額、員工人數、營業項目、工商登記等基本資訊，以及能夠展現貴公司的核心能力的代表性商品或服務案例之外，建議你還應該對外揭露**貴公司的目標、願景、經營理念與價值主張**等重要情報。

　　我想再跟你提醒一下，撰寫公司簡介可不是參加作文比賽，並非加入一堆溢美之辭，就可快速地提升公司形象。所以，與其思考公司簡介要寫什麼內容才會吸引人，我覺得應該先切換一下視角：建議你從目標受眾的角度來構思，讓他們可以很快掌握貴公司的基本情況，進而對貴公司的企業文化、價值主張或品牌故事感興趣。

公司簡介應包涵
使命宣言與願景宣言

之前，我曾跟你提到：公司簡介不但攸關公司的門面與形象，往往也是與客戶之間的第一個接觸點。除了介紹企業的發展沿革，你也可以在簡介裡面提及貴公司的**使命宣言和願景宣言**。

簡單來說，**使命宣言就是公司成立的目的**，好比企業現在正在做哪些事情？希望幫客戶解決什麼問題？而**願景宣言則是用簡單易懂的文字，具體而清楚地指出如何實現此目的**。

接下來，我們來看幾個國際品牌的例子！

說到星巴克，想必你並不陌生。星巴克的企業使命，也寫得很動人，讓人有種耳目一新的感覺：

啟發並滋潤人們的心靈，在每個人、每一杯、每個社區中皆能體現。秉持續追求卓越以及實踐企業使命與價值觀，我們透過每一杯咖啡的傳遞，將獨特的星巴克體驗帶入每位顧客的生活中。

　很明顯地，我們可以從星巴克的企業使命中看到該公司對顧客的重視。再仔細瞧瞧，這段使命寫得多麼有人味，還不忘鄰里相望的人文精神，自然也形塑了星巴克持續不衰的魔力。

　再來看看全球知名運動品牌 Nike，他們的使命宣言不但簡單明瞭，也很大氣：

　將靈感與創新帶給世上每位運動員。只要有身體，人人都是運動員！

　而來自瑞典的家具品牌 IKEA，同樣也在企業簡介裡闡述了該公司的理念與願景：

　起源於為大多數人提供價格實惠的家具家飾，而非僅為了少數人。透過將功能、品質、設計和價值結合在一起，而且始終秉持著永續要素，並透過設計、採購、包裝、配送與經營業務模式，在每一個環節都體現 IKEA 理念，實踐我們的願景：為大多數人創造更美好的生活。

　當然，隨著時代局勢的快速更迭，企業使命往往需要與時俱進，也有調整或修正的必要。好比戶外品牌 Patagonia 之前的品牌使命是：

　製造最好的產品，避免不必要的環境傷害，透過創新的商

業模式解決環境危機。

但是在 2018 年底，Patagonia 毅然改版該公司的使命願景，用一種更直白且清晰可知的方式來表達：

We're in business to save our home planet.（用商業的力量拯救我們的地球家園。）

撰寫公司簡介的三個錦囊

相信從上述這幾家知名企業的使命或願景宣言,可以帶給你一些啟發。最後,我還想提供三個撰寫公司簡介的錦囊,分別是:引發關注、尋求認同以及激發共鳴。

三個撰寫公司簡介的錦囊

01 引發關注
綠藤生機 More is Less. 多,即是少

02 尋求認同
Patagonia
用商業力量拯救我們的地球家園

03 激發共鳴
小米公司(米粉)
讓讀者除了認同,還要有歸屬感

第一個錦囊，引發關注：在這個資訊爆炸的年代，撰寫公司簡介的目的不光是為了美化公司形象，更要讓社會大眾對貴公司有所感知。所以，請切記撰寫的重點不在於幫公司搽脂抹粉或者歌功頌德，而是要設法講出重點，吸引大眾的關注。

　　第二個錦囊，尋求認同：吸引社會大眾的關注只是第一步，光是讓大家願意看完貴公司的簡介還不夠，接下來還要提出具體的願景、價值觀與優質服務，設法尋求對方的認同。唯有獲得社會大眾的認可，才能與貴公司產生緊密的關聯。

　　第三個錦囊，激發共鳴：簡單來說，激發共鳴就是要設法做到讓讀者除了認同，還要有一種安心的歸屬感，就像小米公司有一大群名為「米粉」的粉絲一樣。更重要的是當大眾看到精美的公司簡介時，不只是心有戚戚焉，更會忍不住分享。

　　希望透過以上這三個錦囊，可以為你提供一些靈感，順利寫出既美好又吸睛的公司簡介。

第 9 章

培養獨到觀點，

讓目標受眾建立深刻印象

提綱

本章介紹如何培養獨到的觀點，
讓目標受眾留下深刻的印象。

本章要點

1. 「我認為」測試：你的觀點能否放在「我認為」後，
　　　　　　　　　　　形成一個完整的句子。

2. 「所以呢」測試：有些觀點太過淺顯，這時後面就
　　　　　　　　　　　要增加一些有效的論述。

3. 「為什麼」測試：有效地確保避免使用無意義的形
　　　　　　　　　　　容詞，強化觀點。

在上一章之中，我為你介紹如何寫出引人入勝的公司簡介；一般來說，一份完整的公司簡介通常包括以下的相關資訊：公司概況、發展現況、公司文化、公司產品、銷售網絡以及售後服務。換句話說，當你在撰寫公司簡介的時候，如果一時沒有頭緒，不妨可以從這裡著手進行，先整理好撰寫公司簡介所需的相關資訊。

當然，想要寫出能夠引入注目的公司簡介，必須掌握一些訣竅，不能只是想著要用生花妙筆來美化企業形象，也不宜照本宣科地把貴公司的發展沿革介紹完畢就算了事。比較好的做法，應該要站在目標受眾的角度去思考，大家為何會想要在此刻了解我們的公司？又是哪些重要的資訊，大家比較會感興趣或想要關注呢？

所以，我也在上一章提供了三個撰寫公司簡介的錦囊作為參考，分別是：引發關注、尋求認同以及激發共鳴。希望你在撰寫公司簡介時，可以暫時拋開為貴公司宣傳的想法，而能夠換位思考，花點時間先構思一下整體內容：也就是設法引發社會大眾的關注，進而尋求認同，最後能夠激發共鳴。如此一來，便能順利寫出一篇精彩又不失宣傳目的的公司簡介了！

說到寫作技巧，這的確很重要，偏偏又不是每個人都能輕

易掌握的！回顧本書的內容，一開始我為你撥開可能困擾已久的迷霧，試圖解開寫作的盲點。接下來，一路陪伴大家從理解寫作元素、設定精準的目標受眾、活用「FABE 銷售法則」，逐漸學習如何打造有效的行動呼籲、擬定內容策略到寫出吸睛標題與引人入勝的公司簡介。

相信從第一章看到現在，你已經可以掌握寫作的方法和訣竅了，也逐漸能夠動筆寫出精彩的篇章。而我的這本書，也即將進入尾聲了。

寫作通往讀者內心，同時反映自我

　　現在，我想跟你聊聊如何培養獨到的觀點？是的，這已經不單單關乎撰寫商品文案或公司簡介而已，讓我們試圖把層次拉高，來談談對所有的寫作者而言都非常重要的一件事，也就是如何寫出精彩又讓人難忘的觀點？

　　我還記得之前曾經看過一本書——《見樹又見林》（The Forest and the Trees），這是一本社會學的入門經典。

　　《見樹又見林》一書作者亞倫・強森（Allan G. Johnson）指出，社會學帶給我們最重要的東西，並不是一套特殊的事實或理論，而是一種威力無窮的方式，讓我們能夠觀察世界、思考世界、思考我們和世界的關係。換言之，社會學為我們開了一扇通往世界的窗，也給了我們一面鏡子，反映出在與世界的關係中，我們是誰？而這本書就是關於認識這扇窗和這面鏡子，以及如何學著使用它們，使我們看得更清楚。

　　所以，現在我也想為你打開一扇直接通往讀者內心的窗。

我將帶領你從精進寫作技巧提升到另一個層次，也就是運用「見樹又見林」的心態，學會如何精準表達與溝通，並且能夠從容不迫地對群眾說出有見地的觀點。

在我帶領你「見樹又見林」之前，讓我們先來思考一個問題：你是否覺得寫作很困難呢？的確，要寫出一篇擲地有聲的精彩文章也許不是那麼容易，但換個角度思考，如果要你避免浪費時間，產出一篇糟糕的文章，卻是相對簡單的。

嗯，我們先來說說那些糟糕的文章，通常都有哪些特點吧！

文章和讀者之間沒有明確的關聯。

文章過於冗長又沒有重點。

文章缺乏明確的觀點，邏輯也不清晰。

這三點的影響的確都很巨大，那麼要如何改善呢？

很多人一提到寫作，就會想破腦袋，可惜寫了半天的文章，大多都無法讓讀者心動。哎呀，這還真的是徒勞無功！倘若你絞盡腦汁寫出來的文章都跟讀者沒有半點關係的話，可能大家看了幾秒鐘就想跳開了！

所以，建議你要先設定精準的目標受眾，然後再搭配「FABE

銷售法則」來傳達具體的利益。

　　至於文章過於冗長又沒有重點的問題，自然也有方法可以解決。建議你在下筆之前，可以先用紙筆記錄，擬定明確的內容策略。嗯，當然也要記得打造有效的行動呼籲。

　　最後，關於文章缺乏明確的觀點的部分，的確是很多朋友都會遇到的問題。接下來，就讓我來談談如何培養觀點吧！

閱讀寫作雙管齊下，成為有自己想法的人

　　我教了很多年的寫作，深知許多上班族朋友向來視寫作、演講為畏途。但是，你可別以為離開校園之後，就可以輕易地跟寫作說聲 Bye Bye 了！從進入職場的第一天開始，上班族朋友就無可避免得要面對各種寫作的場景，無論是撰寫公文、會議紀錄、企畫案或工作週報或是撰寫商品文案，都可說是和寫作息息相關。

　　寫作，可以說是上班族必備的溝通技能與工具。想要在職場上發光發熱，光是把分內的工作做好還不夠，你可得具備寫作的能力哦！

　　話說回來，**職場上總是少不了各種形式的溝通、互動、說服甚至談判，而這些環節都跟寫作脫離不了關係**。說穿了，寫作就是一種被人們大量運用的溝通傳達技巧。或許，我們不需要像學生時代參加作文比賽一樣，必須堆砌大量華麗的辭藻以吸引評審老師的青睞，但是我們卻需要有一身好本領，能夠在

有限的時間和篇幅內詳實地說一個好故事，並且分享有趣的資訊以及傳達獨到的觀點。

寫作，對每個人的意義都不盡相同。以廣大的上班族朋友來說，固然不必刻意像作家動輒出口成章，或是把企畫案寫成像小說一樣曲折離奇、精彩動人。但是，你得注意職場寫作的最低限度在哪裡？也就是需要通順地把自己的想法、意念透過文字進行傳達，讓主管、同事或合作廠商了解自己的想法。沒錯，這當然是一件很重要的事情。

那麼，要如何提升寫作能力呢？請謹記寫文案不完全等同於寫作，要記得如何有效傳達銷售意圖。當然，除了撰寫商品文案之外，我們還有很多時候會碰到寫作，像是寫會議紀錄、新事業開發企畫書等等。當然，你未必需要花錢上補習班去惡補作文，但至少平常可以從**多閱讀書報**開始做起。

以我自己為例，以前總會同時閱讀幾份報紙的社論，訓練自己對時事新聞的敏銳度，也看看報社主筆對於社會重大議題的觀點。比方這兩年新冠肺炎疫情肆虐，如果想要安身立命，就必須關注政府有關單位的具體施政方針、還有最新的國際局勢以及產業界的動態。

除此之外，多讀書、多看報和多聽廣播、Podcast，不但可

以拓展自我的視野，也增進對於知識的吸收。對於上班族朋友來說，平時可以挑一本自己喜歡的書放在公事包裡，上下班搭公車、捷運或是午休有空的時候，就可以拿出來閱讀。哪怕一次只讀幾頁，長久累積的進展也是驚人的。

就像詹姆斯・克利爾（James Clear）在《原子習慣》這本書中所提到的，想要邁向成功之路就得從做好一件件的小事開始。善用複利效應，就可以讓小小的原子習慣利滾利，滾出生命的大不同！

另外，我們也可以學習作者的敘事手法，觀察別人怎麼安排橋段，或是在起承轉合之處有哪些巧思？要知道，大量閱讀也能夠提升鑑別、欣賞文章的能力。透過觀摩別人所寫的文章，也是一種學習的好方法。

當然，想要提升寫作能力最直接的方法，那就是**多動筆寫作**。舉例來說，我以前會每週給自己出一個題目，然後動筆在稿紙上寫下自己的見解。

以往我到一些大學講課的時候，總喜歡跟這群年輕朋友交談。其中有些同學告訴我，從小受到升學主義的影響，導致他們很少看課本和參考書以外的書籍，所以懂得的成語和辭彙都很少。正所謂「書到用時方恨少」，他們真的覺得詞窮，不知

道該如何下筆！

　　嗯，我很能理解這個現象。其實，大家用不著擔心自己腹笥甚窘，也無須刻意使用太多優美的辭彙，一開始先練習如何通順的表達自己的想法和觀點就可以了。就像今年的國中教育會考，來自彰化竹塘國中的詹豐守同學，將平時的務農經驗轉化成樸實卻有生命力的文字，一舉拿下作文的滿級分，就是一個不錯的案例。

　　想要寫出得體的文章，除了掌握寫作技巧，也需要採取實際行動。所以，我也想以米開朗基羅的名言「藝術家是用腦，而不是用手去畫」來鼓勵你！

　　「我手寫我口」，誠然是練習寫作的一個開端，但唯有透過閱讀和寫作雙管齊下的大量刻意練習，方能真正提升自我的寫作能力！

　　從 2019 年元月開始，我推出了「Vista 寫作陪伴計畫」（https://www.vista.tw/writing-companion），希望可以幫助大家把文章寫得更好！也因為這個緣故，讓我常有機會幫一些朋友修改文章。也因此發現大多數人所遇到的寫作瓶頸，其實很大部分在於無法如實傳達自己的理念。

明明心裡有很多想法，下筆時卻有如千斤重；不然，就是有時寫得過於瑣碎，或者拘泥於某些細節卻忘記照顧全局。老實說，寫作未必是什麼了不起的事，或者就像說話、吃飯一樣，不需要特別嚴肅看待。

再跟各位朋友分享一個小祕訣，如果你擔心自己所寫的文章不夠流利、觀點不是很清晰，建議你在整篇文章寫好之後，自己先讀過一遍，甚至可以開口朗誦一次。如此一來，除了可以發現錯別字，還能夠知道文中哪些地方不夠通順、或是詞不達意了。

你真的想提升寫作能力嗎？我建議在有空的時候，請你盡可能多閱讀和練習寫作，做一個「有自己想法」的人。

嘗試從日常細節發展自我見地

做一個「有自己想法」的人，聽起來好像很酷。但也許你想問我，那要怎麼做呢？嗯，我的建議很簡單，你可以嘗試寫部落格或在 Facebook 上發表社群貼文，不管是記錄和朋友聚餐的食記、或是針對當下社會議題提出自己的見解，這些都是很好的練習。

請記得要從各式各樣的資訊中選取有趣或引人注目的主題，再經過不斷地思考與整理，轉化成自己的想法。總而言之，我們要設法訓練自己**達到耳聞目睹之事皆可談論的境界**。

當然，想要對任何事物侃侃而談，往往不是一時半刻就能辦到的，也許你會擔心自己的口才或文筆不好，但其實你也可以先這麼做：**八分堆砌事實或資訊，剩下兩分試著添加自己的看法或色彩**。等到自己能夠很流利地透過書寫表達自己的觀點，這時再接著練習如何使用成語或優美的辭藻來幫文章畫龍點睛，甚至學習不同的寫作規則。

好比新聞界常用的「**倒金字塔結構**」，常被廣泛運用到一些正式刊物的寫作中，同時也是最為常見和最為精煉的新聞寫作敘事結構，有機會的話也可以學習一下。

根據維基百科的詮釋，「倒金字塔結構」是絕大多數客觀新聞報導的寫作規則，也被廣泛運用到嚴肅期刊的寫作中，同時也是最為常見和最為短小的新聞寫作敘事結構。內容上表現在一篇新聞中，先是把最重要、最新鮮也最吸引人的事實放在導語中，導語中又往往是將最精彩的內容放在最前端；而在新聞主體部分，各段內容也是依照重要性遞減的順序來安排。

所謂「羅馬不是一天造成的」，想要精進寫作能力，往往需要仰賴大量的練習。以《引爆趨勢》、《決斷兩秒間》等暢銷書聞名的加拿大籍作家麥爾坎‧葛拉威爾（Malcolm Gladwell）就認為，好的創意必須花大量的時間來培養、練習。在書中，他曾多次強調所謂的「**一萬個小時**」定律，亦即各種成功的創意或技能，往往需要長時間的練習與醞釀；而寫作亦然。

話說回來，如果你能夠對生活中發生的事物發表真知灼見，就會被人們認為是擁有獨到見解的人。

建立觀點的三步測試與兩個強化

　　我們談起獨到的見解，你可能會感到困惑：到底什麼是觀點呢？很多人會把觀點跟主題、標題混為一談，其實觀點是獨一無二的。觀點是一種主張，用以表明你對某件事物的看法、目的與價值。對於寫作者來說，**你要推銷自己的觀點，而不僅僅是單純地分享或描述想法，才能最大限度地發揮影響力！**

　　看到這裡，你可能會想問，真正的觀點是怎樣的呢？

　　喬爾‧施瓦茨貝里（Joel Schwartzberg）在《說到點子上》（Get to the point）一書中提到，有一個簡單有效的方法可以確認你是否提出了真正的觀點。透過以下的三步測試和兩個強化手段，可以幫助你提煉出一個真正的觀點。

檢驗觀點的三步測試和兩個強化手段

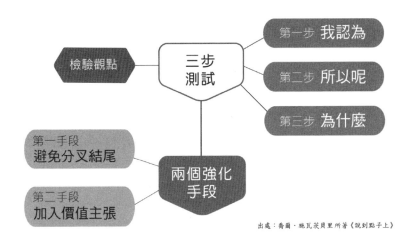

出處：喬爾·施瓦茨貝里所著《說到點子上》

第一步：「我認為」測試

簡單來說，你的觀點能否放在「我認為」後，從而形成一個完整的句子。

假設你是一位健身教練，你就不能每天千篇一律地對潛在客戶說：「我認為每個人都需要運動」，而應該說：「我認為每天做 30 分鐘有氧運動，有助於保持體態均衡與身體健康。」如此一來，這番話不但有理論、有數據的支持，更能讓大家信任你的專業。

第二步：「所以呢」測試

接下來，儘管有些觀點順利通過了「我認為」測試，但可能太過淺顯而不能使你的發言顯得十分有意義。這時，後面就要增加一些有效的論述。

舉例來說，如果你在一家資訊公司上班，貴公司專門提供雲端備份的相關服務，那麼光是在文案裡提到「定期養成電腦檔案備份的習慣很重要，可以確保重要資訊不漏失。」此話雖然沒錯，但總覺得意猶未竟、有點平淡，無法讓人有種驚艷或信任的感覺。

這時，如果再加上「所以，建議你購買已為超過一億用戶提供穩定、安全的個人雲端檔案儲存服務，以實現個人電腦、智慧型手機與平板電腦等多種終端場景的覆蓋和互聯，並支持多類型文件的備份服務」，就比較會讓人信服了。

第三步：「為什麼」測試

善用「為什麼」測試，可以有效地確保你避免使用無意義的形容詞。作者指出，那些空泛的形容詞對你表達觀點毫無幫助，所以應該盡量少用。這一點我也有同感，過往在教寫作的時候，我發現很多人喜歡在文章裡面加上一堆沒有意義的形容

詞，不但無法發揮效用，還可能會讓讀者分心，可說是得不償失。

那麼，我們該怎麼做呢？

打個比方，如果貴公司專門對企業界提供社群媒體行銷的服務，可能會在宣傳文案中寫道「為貴公司聘請一位社群媒體編輯很重要，因為他可以為產品進行宣傳。」

聽起來，這段話雖然可以通過前兩步的測試，但還是不夠具體和有力。不如把它改成：「每年花一點點預算，聘請一位學有專精的社群媒體編輯，可以幫助貴公司做好宣傳，可說是物超所值！」

除了以上提到的三步測試之外，還有兩個強化手段，分別是：

第一個手段：避免「分叉結尾」

很多人在演講或寫文章的時候，會把兩個或兩個以上的觀點合併成一個觀點，這麼做看起來比較精簡，但是往往會稀釋每種觀點的影響，觀點的力道和效果反而會減半。所以，最好根據組織的要求和目標受眾的最大需求來找到最有力的觀點。

第二個手段：加入價值主張

作者認為，我們可以透過加入價值主張來昇華自己的觀點。仔細想想，你的觀點是什麼？可以為大家帶來哪些效用呢？如果貴公司要推廣雲端備份服務，那就要想想：這個效用是降低成本、增加收益，還是可以幫消費者節省時間呢？

請謹記，觀點是一種明確的價值陳述，光是人云亦云，並無法達到溝通傳達的目的。換句話說，如果你的觀點愈獨到、特別，往往愈能讓人留下深刻的印象！

寫出真正有生命力的文字

　　我從小就喜歡寫作，長大之後更樂於跟來自四面八方的朋友們交流寫作技巧。身為一位教寫作的講師，我也常有機會面對一群對寫作充滿興趣或為此感到挫折不已的朋友們。大家常問我：「請問老師，要如何寫出擲地有聲的文章？」或是「現在網路文章一大抄，我該怎麼做才能寫出有別於他人的文章呢？」

　　嗯，答案很簡單，你應該設法讓自己所寫出的文章淺顯易懂，並且可以提供獨特的觀點與價值。當然，這番道理大家都懂，做起來並不容易——但我認為，這還是辦得到的！至少，我們可以反求諸己，從日常生活做起，隨時訓練自己對周遭事物的敏銳觀察，提出各種想像與質疑，進而淬煉出自己的思維體系，並勇於表達觀點。

　　之前，曾經拜讀城邦出版集團首席執行長何飛鵬的文章《強迫自己有看法》（https://bit.ly/3OBAyxn），很認同他對培養分析思考能力的做法。何執行長提到，他的自我訓練從報紙開始，

每天會選一則新聞來探討，藉此訓練自己的分析與思考能力，並強迫自己一定要有明確的答案。當然，除了推斷答案之外，還要對答案建立嚴謹而足以服人的說理過程。

這一點，似乎和我跟寫作班同學提到的做法也相當類似。我鼓勵同學們不但要多寫文章，也要多看報紙、雜誌上頭的專欄或部落格、粉絲專頁，去觀摩別人所撰寫的文章。

當然，閱讀文章也是有一套方法的：不只是看內容本身，也要留意文章的架構、切入點以及作者真正關注的層面與言外之意；除此之外，還可以想想自己是否認同作者的觀點，或者可否提出質疑？然後，可以再參考作者對於文章鋪陳與版面配置等細節的安排。

格林文化的發行人郝廣才曾說：「寫作本身就很神奇，即使寫篇簡單幾個字的短詩，也會有心靈感應的體驗。而且你可以遙想，幾百幾千年後的人們，能藉由我們的作品，穿越時空，和我們的思想感應。當我們向永恆傳訊息，怎麼會傳遞平凡無趣的東西呢？」

誠哉斯言！如果你想要學好寫作技巧，不妨先好好思考一下寫作的目的為何？究竟你是想分享自己的觀點？抑或抒發心中塊壘與情感？又或者跟很多人一樣，只是盲目地為寫而寫？

我們想要傳遞給世人的各種資訊，本應是有價值的觀點，如果只是無病呻吟式的空洞文章，那就不免有些可惜了。要知道，如果僅僅在字裡行間堆砌華麗辭藻，美則美矣，但那是無法持久，更遑論感動人心了！

所謂的觀點，就是從一定的立場或角度出發，提出自己對事物或問題所持的看法。如果想要寫出有趣的篇章，自然就不能只是一直停留在眼睛看得到的層面，而得從你自己的角度出發，去思考事物的真正本質與意義。換句話說，請你千萬不能只寫一些兩面討好的場面話，要掏心挖肺，寫出自己的真心感受，而且最好是可以對大家有幫助或有價值的想法。

無垢舞蹈劇場的藝術總監林麗珍曾經說過：「身為舞者，我習慣觀察人的行為舉止，這牽涉到一個人的外在姿勢、動作習慣、精神，尤其一個出色的舞者，不只是技巧純熟，而是要讓觀眾感受到舞者內斂能量的蓄存，同時也讓觀眾融入情境的空間裡，感染那分人、舞與時空的攝受力。」

其實，不只是舞者需要做好觀察的功課，對所有的創作者來說都是一樣的，這無疑是一種基本功。如果說打開感受的天線才叫創作，那麼唯有勇敢說出你的觀點，才能讓文章真正有自己的生命，也才有流傳的價值。

強迫自己培養獨到的觀點

想要形成自己的觀點，關鍵在於**持續寫作**，因為寫作會武裝你自己，也強化你的輸入、思辨與輸出能力。曾經有人跟潤米諮詢的創辦人、同時也是中國知名的商業顧問劉潤請教，要如何培養獨立思考的能力？

他給出了三個建議，分別是：

第一個建議：一定要有自己的知識框架，心中要有一顆「認知之樹」。

第二個建議：只看事實，不看情緒。

第三個建議：少關心「關注圈」，多關心「影響圈」。

這三個建議淺顯易懂，我認為若能徹底奉行，不但會對培養獨立思考能力有所幫助，其實也對寫作時培養獨到的觀點有所助益。

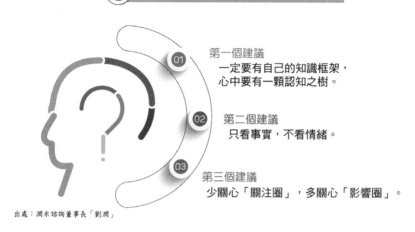

培養獨立思考的能力

第一個建議
一定要有自己的知識框架，
心中要有一顆認知之樹。

第二個建議
只看事實，不看情緒。

第三個建議
少關心「關注圈」，多關心「影響圈」。

出處：潤米諮詢董事長「劉潤」

　　我還記得「樊登讀書」的創辦人樊登老師曾寫過一本書，書名是《工作是最好的修行》。樊登老師教大家學會與工作相處，在工作中磨礪自己，讓我們的生命得以變得豐盈而厚重。

　　在我看來，無論工作或生活，但凡能夠秉持初心刻意重複練習，就是最好的修行。所以，如果你真的想要寫出感動人心的文章，我的建議很簡單，就是多看、多想與多寫。從今天開始，我們一起努力，強迫自己做個有觀點的人吧！

Vista 寫作陪伴計畫：

https://www.vista.tw/writing-companion

強迫自己有看法：

https://bit.ly/3OBAyxn

Vista 的小聲音：

https://vista.firstory.io

給未來寫作者的備忘錄

　　我從小就很喜歡閱讀，特別是一些好書，總是愛不釋手。我的好友、也是前同事火星爺爺，曾經在多年前寫過一本膾炙人口的好書《給下一個科學小飛俠的 37 個備忘錄》。這本書很有趣，藉由南宮博士寫給幾位科學小飛俠的書信，談行銷企管概念、談上班哲學，將各種寓意蘊藏在趣味故事之中。

　　我相當喜歡這本書，所以我也想仿照這個做法，在本書進入尾聲之前，留下一份給未來寫作者的備忘錄。

　　本書雖然乍看之下是在談文案寫作的技巧，但不知道你有沒有看出來我的小心願？其實，我的企圖更大，不只想幫助讀者朋友們搞定寫作的各種難題，更希望能夠幫你培養獨到的觀點，讓大家對你所寫的文章留下深刻的印象。

　　如果你想寫出擲地有聲的精彩篇章，光是文筆好還不夠，更要在字裡行間勾勒出明確、獨到的觀點。

　　那麼，要如何拉高層次，進而擁有獨到的觀點呢？我建議你有空的時候多多博覽群書，也可多收聽廣播、Podcast 和閱讀報章雜誌，更重要的是把自己的想法寫下來。

　　我時常在《Vista 的小聲音》這個 Podcast 節目（https://vista.firstory.io）介紹各種好書，而如果你比較喜歡瀏覽影片

的話，也歡迎同步收看我的 YouTube 頻道（https://www.youtube.com/c/VistaCheng）哦！

除此之外，我想鼓勵你可以嘗試寫寫部落格或是在粉絲專頁（https://www.facebook.com/vista.tw）發發社群貼文，如果可以開設一個 YouTube 或 Instagram 頻道來記錄吉光片羽或抒發己見也很棒！至於寫作的主題，無論是分享工作見聞、單純記錄美好的生活片段，或是根據自己的專業針對當下社會議題提出見解，我覺得這些都是很好的練習。

當你已經能夠很流利地透過書寫來表達自己的觀點，接下來就可以進入下一個階段，開始練習如何使用成語或優美的辭藻來為文章畫龍點睛，甚至學習更高水準的寫作規則與技巧。

讓我來談談靈感這回事

　　由於近年來我都在公部門、企業以及大學院校教寫作，這幾年下來也整理了許多學員們在寫作時所遇到的疑惑。嗯，你是否好奇，大家最常問我哪些與寫作有關的問題呢？

　　也許你已經猜到了！的確，最多人問我的問題就是要如何搜集寫作的靈感？我知道，很多朋友一聽到要寫作，習慣馬上就打開電腦，開始苦苦尋覓靈感。彷彿腦袋裡如果沒有一絲靈感，就無法下筆為文了。

　　話說回來，也的確有太多人問我有關尋找靈感的議題，所以每當在上文案寫作課的時候，我都會主動跟同學談到這件事。

　　什麼是靈感呢？根據維基百科的介紹，靈感是根據自己的經歷而聯想到的一種創造性思維活動。靈感往往在腦海裡只出現一瞬間，通常於文化和藝術方面時特別需要有靈感。維基百科也提到，某些職業在創作時特別需要靈感，像是漫畫家、作家和填詞人等等。

我雖然認同靈感可能為創作帶來加分效果，但是對於那些時常需要創作或要寫文案的朋友，我倒是很想提出一個大膽的想法：鼓勵大家先把靈感擱在一旁，不要那麼依賴它——否則，真的需要寫作、卻又沒有靈感時，該怎麼辦？

出身沙俄烏克蘭的現實主義畫家伊利亞·葉菲莫維奇·列賓（Ilya Yafimovich Repin）曾經說過：「靈感，不過是頑強地勞動而獲得的獎賞。」

寫作誠然是一條漫長的旅程，想要揮出全壘打不能只靠運氣，而需要不斷地苦練。我特別欣賞以前中華職棒兄弟象隊的隊訓「苦練決勝負，人品定優劣」，其實寫作的道理也是相通的。

話說回來，如果你想成為人人敬重的專家，那就更需要多加練習與博聞強記，所以我們不能只是一味依賴靈感。縱然偶爾會讓我們碰到靈光乍現的時候，但**靈感往往需要累積和組織、整理，才能成為一項在關鍵時刻可以派上用場的工具。**

言歸正傳，如果真的沒有靈感該怎麼辦？我在 2019 年出版的《內容感動行銷》（https://bit.ly/the-content-marketing-book）一書中曾經跟大家分享激發靈感的六個方法，分別是：

1. 觀摩其他廠商的標語或宣傳文案。

2. 逛逛步調快的生活消費場域。

3. 善用「如何」、「現在」等關鍵字。

4. 看電視、電影與瀏覽報章雜誌。

5. 找其他人一起進行腦力激盪。

6. 休息一下，轉換心情。

有興趣的朋友，可以到書店購買或上圖書館借閱這本書來參考一下唷！

激發靈感的六個方法

第一個方法
觀摩其他廠商的標語或宣傳文案。

第二個方法
逛逛步調快的生活消費場域。

第三個方法
善用「如何」、「現在」等關鍵字

第四個方法
看電視、電影與瀏覽報章雜誌。

第五個方法
找其他人一起進行腦力激盪。

第六個方法
休息一下，轉換心情。

偉大的創意從模仿、借鑑而來

說到搜集靈感，就讓我忍不住想起西班牙著名藝術家、畫家畢卡索的名言。他曾經說過：「傑出的藝術家模仿，而偉大的藝術家盜竊。」（Good artists copy, great artists steal.）

當然，這番話的意思並不是鼓勵大家剽竊。不過，參考、學習別人的做法，永遠是一個不錯的方法，當然前提是你不能直接抄襲，而是可以透過借鑑的方式來發想和創新。還有，建議你不要只是參考同行的做法，偶爾也可以跨產業去觀摩一些不同領域的作品。

打個比方，如果你在網路產業工作，除了平時定期觀察一些科技業的新創公司或文創產業的宣傳策略，也不妨留意一下傳統產業的發展軌跡，像是旅遊業、製造業或餐飲業習以為常的作法，也值得參考。或許，可以從中找到一些有趣的脈絡。

還記得在本書的第一章，我曾提到有位寫作班的學生雅美嗎？她不但是一位媽媽，還身兼電話客服，工作非常忙碌。後

來因為表現優異的緣故，就被主管拔擢，調去行銷部門負責業務銷售。雖然這次的升遷讓她獲得加薪，但因為大學時代讀的不是行銷，完全搞不懂客戶的想法，也不會寫商品文案。

可想而知，雅美剛開始接觸這個領域的時候相當挫折，也感到很痛苦。後來，我建議她先去參考同行所寫的文案，看看別人都是怎麼說故事的？她整整花了兩個星期，整理、歸納了常見的套路，再從我的寫作課得到一些啟發，總算可以「依樣畫葫蘆」了。

事隔三年，雅美早就已經能夠獨當一面，在數位行銷的領域站穩根基。無論是寫文案、做企畫或擬定行銷計畫，如今都難不倒她囉。

生活中處處可捕捉靈感

　　我知道，很多人會覺得寫作需要創意和靈感的加乘，但卻不知道該怎麼有效地捕捉靈感？

　　美國著名科普作家和媒體理論家史蒂文‧約翰遜（Steven Johnson）著有一本介紹創新的書《偉大創意的誕生》，他在書中介紹了一個概念叫「**相鄰可能**」，意思是我們所需要的某種能力或要素，它可能已經產生並成熟了，只是它正在另外的某個領域被使用著；關鍵就在於這個已經存在的未來，它會不會有一天忽然被發現，讓你起心動念。而這，就是靈感萌發的瞬間。

　　每當在上寫作課的時候，我就會跟同學們提到觀察的重要性。所以，我也時常鼓勵同學們要對世間萬物充滿好奇心。有空的時候，就去逛逛一些步調比較快的生活消費場域，像是便利商店、百貨公司或大賣場。

　　嗯，我倒不是鼓勵大家一定要消費，而是這些商家的迭代

和脈動很快速，如果仔細觀察的話，相信你可以發現很多有趣的新事物。好比：店內是否張貼了什麼新標語？結帳櫃檯上放了哪些促銷商品？特別是近年來整個社會受到新冠肺炎疫情肆虐的關係，也對商家造成很大的影響，而你是否發現了哪些改變或不同之處呢？

舉例來說，包廂對一般民眾來說並不陌生，網咖、KTV 或餐廳等場所處處可見。不過，隨著疫情改變了傳統的生活型態，如今便有便利商店的業者看準商務與教學需求，就推出了「多功能自助式付費包廂專區」，打造個人化的獨立空間。從這個最新萌發的商業點子，是否讓你發現了什麼新鮮的事物呢？又能否給你帶來一些做生意或撰寫文案的靈感嗎？

除了觀察流行趨勢和觀摩他人的作品，我也鼓勵你要勇於發問，並且能夠設身處地為目標受眾著想，從解決的困擾開始發想。道理很簡單，因為職場寫作不同於文學創作，往往與人際有很多的連結。所以，如果你能夠掌握目標受眾的喜好、困擾，自然也就不難從中獲得靈感或有趣的聯想了。

嗯，還記得我在第三章有跟你分享，如何設定精準的目標受眾嗎？如果你已經有點忘記前面的內容了，沒關係，可以回頭再重看一次哦！

寫作最要緊的兩件事，莫過於搞清楚寫作目的和設定精準的目標受眾。想要寫出讓人眼睛為之一亮的文章，我覺得要依循**輸入、思辨和輸出**的流程。

　話說回來，各種內容的篩選與輸入，可以說是寫作者的基本功。而這也跟剛剛提到的觀察、描述與思辨脫離不了關係。

媒體是流行資訊的重要來源

　　時序進入二十一世紀，儘管大家都生活在網路上，我們每天花在 Facebook、YouTube 或 Instagram 上頭的時間非常多，早已超過了電視、廣播等傳統媒介。儘管大家已經很習慣在網路上看新聞，但千萬不能輕忽電視、廣播和報章雜誌等傳統媒介的影響力，畢竟這些媒介也是重要的資訊來源。

　　雖然因為疫情的關係，我已經好久沒到電影院去看電影了，但我還是覺得看電影是很棒的消遣，也是取得資訊的重要管道。因為電影不只是「第八藝術」，更是流行情報的觀測站。沒事多看看這些影劇作品，對激發靈感也有幫助。

　　除了看電影，我也很喜歡追劇。曾有很多文案寫作班的同學不解地問我：「老師你這麼忙，怎麼還有空追劇呢？」其實，追劇不但是打發時間或轉換心情的消遣，也是我得以和這個世界保持同步的一個重要媒介。特別是這段期間適逢疫情肆虐，大家足不出戶的時間拉長了，我們很容易跟這個世界脫節。

透過觀賞戲劇，不但讓我從聲光效果中得到抒發與療癒，更得以知悉當下社會文化的脈動，仔細想想，這也是很不錯的。好比前一陣子熱映的《捍衛戰士：獨行俠》，不但在全球颳起了一股懷舊風潮，也讓大家重新踏上不可置信的時光旅程。

　　更棒的是，我在追劇的同時，腦筋也不停地運轉。如果看到喜歡的節目，我就會打開思維的天線，兀自開始思考：如果是我來編導這齣戲劇的話，會如何規畫劇情和橋段？又會如何撰寫對白呢？

　　你說，這是不是很有趣呢？

透過寫作練習，不斷淬鍊昇華

　　對我來說，寫作充滿無比的樂趣，所以一談到寫作，我就彷彿打開了話匣子，有說不完的話題。但是，我當然也知道很多人很努力地絞盡腦汁，卻怎麼也寫不出一篇完整的文章。

　　知名作家張大春曾說：「一句話當然不可能成為一篇文章。但假使當你去想：某一句話有沒有五種不同的說法？當你想盡辦法去改變這句話的結構、詞性，變化出五種寫法，一段文字就可以有幾百種寫法。而在這些練句子的過程當中，你早已訓練了自己的思維方式。」

　　他鼓勵大家要多創作，只要多練習，文章的靈感自然就可信手拈來。我也覺得的確如此，所以當靈感與我們招手的時候，別忘了立刻拿紙筆或用電腦、手機記錄下來哦！

　　有人說「靈感是思考的前身」，意思是靈感固然重要，但更需要審慎思考。這是因為光是把靈感和創意記錄下來，還不足以打造一篇結構嚴謹、觀點清晰的文章。這些有趣的文思，

往往還得經過淬鍊、打磨，才能把在腦海中浮現的靈感，昇華成創作過程中的基石與骨血。

善用靈感資料庫，管理你的靈感

最後，請容我花一點篇幅，來跟你講解如何建構自己的靈感資料庫。

如何建構自己的靈感資料庫

01 傳統紙筆紀錄
• 筆記本和便利貼

02 數位筆記紀錄
• Evernote
• OneNote
• Quip
• Notion
• Heptabase

03 養成觀察事物的好奇心
• 社交、情感、專業、實用資訊和時事議題
• Google Trends、百度指數，掌握熱門新聞與趨勢

04 養成隨時記錄與思辯習慣
• 利用智慧型手機蒐集素材

顧名思義，**靈感資料庫就是找到一種自己喜歡的工具或方法來儲存、管理各種靈感。**如果你喜歡傳統紙筆的紀錄方式，

可以準備一本筆記本和便利貼；若你習慣使用電腦或智慧型手機等行動裝置，當然可以選擇 Evernote、OneNote、Quip、Notion 或是 Heptabase 等各式各樣的數位工具。

我想提醒你，做筆記是整理思緒很好的方法，所以重點不在於我們該選擇哪種酷炫的 App、手帳或工具，而是建議你可以養成觀察事物的好奇心，還有隨時記錄與思辨的習慣。

舉例來說，你知道大家平常喜歡閱讀哪些主題的內容嗎？以我個人的觀察，像是社交、情感、專業、實用資訊和時事等議題，特別容易引起大眾的關注。這時，我們不妨可以從這些角度切入，來搜集寫作或規畫行銷活動所需的靈感。

我也特別喜歡運用「Google 快訊」、「Google 搜尋趨勢」、「百度指數」以及「網路溫度計」等數位服務來搜集有用的情報，掌握網路上的熱門新聞與趨勢、動態。同時，我也會關注一些特定的專家、學者和意見領袖的言論，可以從他們的粉絲專頁、YouTube 頻道或其他社群媒體上得到最新的資訊。

此外，由於大家平常都會隨身攜帶智慧型手機，所以不管走到哪裡，想要搜集素材也就成了相當容易的事情。以我自己來說，現在只要一看到有趣的事物，或是和科技、行銷等產業相關的資訊，就會立刻拍照和留下文字紀錄，並自動上傳到雲

端資料庫。如此一來，就不怕錯漏任何寶貴的情報線索了！

接下來，我們再來談談對於時事與節慶議題的掌握。我曾多次跟大家分享**內容行事曆**的重要性，好比每年的母親節、端午節或是中秋節，你有留意商家如何撰寫商品文案嗎？現代社會又流行怎樣的送禮文化呢？究竟是「送禮送到心坎裡」，還是「送禮送到想砍你」，這其中就有天壤之別了！

無論你是社群小編、抑或是必須負責公司官方網站、部落格與電子報的更新，若能事先規畫內容行事曆與內容策略，自然不愁沒有題材可以發揮囉。

平常，我也習慣搜集各種素材，或是會把網路上一些不錯的圖片、傳單儲存下來。我不但會搜集各種圖片、研究上面的文案和排版樣式，連顏色配置也都會仔細研究。這時，就要跟大家推薦 Eagle 這款好用的圖片管理工具（https://tw.eagle.cool）了。

Eagle 這個軟體同時支援 Mac 與 Windows 系統，可以解決有關收藏、整理與查詢大量圖片素材的困擾，讓你輕鬆管理各種圖片檔案，進而提升工作效率。

當然，除了搜集各種內容素材，我們也要深入理解自己所

處的行業，掌握相關的脈絡與組織文化。

以電子商務產業為例，假設你剛好從事網路購物的相關工作，那麼平常就必須對電商、新零售、物流、支付、消費行為和大數據等相關議題保持敏感的關注力，同時還需要研讀國內外權威機構所發布的趨勢報告、數據資料。而且，你最好還能理解此行業的風雲人物（好比貝佐斯、詹宏志、馬雲、劉強東等人）的最新動態與言行。

另外，你也可以向寫《華氏451度》的美國科幻、恐怖小說作家雷‧布萊伯利（Ray Douglas Bradbury）學習，準備一個筆記本，上面列出你所感興趣的各種關鍵字。不只列出一堆關鍵字和術語，更要試圖幫這些龐雜的關鍵字建立關連和理出脈絡，如此一來，更能幫助自己發想出有用的資訊唷！

對了，順道一提，如果你想要學習寫筆記的方法，或者希望找到寫筆記的同好，歡迎加入我所創立的「我愛寫筆記」臉書社團（https://www.facebook.com/groups/note.taking.club），目前已有超過八萬名成員，是臺灣最大的筆記社群。

做筆記很重要，平時除了建立多看、多想與多記錄的習慣，再搭配靈感資料庫的組織、運作，自然能讓許多嶄新的思維和

有趣的線索鑽入我們的腦袋中，甚至內化成自己慣用的思維模式。要知道一個好靈感不可能憑空出現，除了靠運氣，我們也需要仰賴一套有系統的方法和工具的協助，才能持續增進我們的思考與創作效率。

嗯，就從今天開始，讓我們一起來建立靈感資料庫吧！未來我也會開設相關的課程，歡迎有興趣的朋友把「內容力進行式」網站（https://www.content.tw）加入網路書籤，並且訂閱「Vista 電子報」（https://iamvista.substack.com）。

想要精進寫作，固然沒有捷徑，但絕對有方法可以依循。在學習寫作的道路上，你並不孤單，讓我們攜手前行，一起加油吧！

你的寫作教練 鄭緯筌

https://www.vista.tw
https://www.content.tw

YouTube 頻道

https://www.youtube.com/c/VistaCheng

鄭緯筌（Vista Cheng）粉絲專頁

https://www.facebook.com/vista.tw

內容感動行銷

htpps://bit.ly/the-content-marketing-book

Eagle 圖片管理工具

https://tw.eagle.cool

「我愛寫筆記」社團

https://www.facebook.com/
groups/note.taking.club

內容進行式

https://www.content.tw

Vista 電子報

https://iamvista.substack.com

文案力
就是你的鈔能力

跟Vista一起學寫作，讓你擁有變現的超能力

走出迷霧森林
不再害怕寫作

三個寫作盲點

01 把寫作想得太**困難**

02 把寫作當成**作文**比賽

03 寫不出**強而有力**的訴求 - - - - -

快速進入
職場寫作

三個寫作元素

設定
目標受眾

瞄準
銷售目標

界定
產品特色

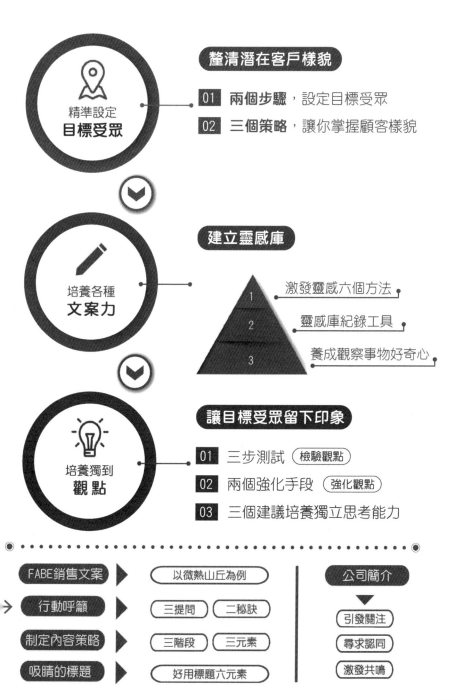

整清潛在客戶樣貌

精準設定
目標受眾

01 **兩個步驟**，設定目標受眾
02 **三個策略**，讓你掌握顧客樣貌

建立靈感庫

培養各種
文案力

1　激發靈感六個方法
2　靈感庫紀錄工具
3　養成觀察事物好奇心

讓目標受眾留下印象

培養獨到
觀　點

01 三步測試 （檢驗觀點）
02 兩個強化手段 （強化觀點）
03 三個建議培養獨立思考能力

FABE銷售文案 ▶ 以微熱山丘為例
行動呼籲 ▶ 三提問　二秘訣
制定內容策略 ▶ 三階段　三元素
吸睛的標題 ▶ 好用標題六元素

公司簡介
▼
引發關注
尋求認同
激發共鳴

文案力就是你的鈔能力

寫作教練 Vista 教你打造熱銷商品、快速圈粉的文案密碼

作　　　　者／鄭緯筌
美 術 編 輯／申朗創意
責 任 編 輯／吳永佳
企 畫 選 書 人／賈俊國

總　　編　　輯／賈俊國
副 總 編 輯／蘇士尹
編　　　　輯／高懿萩
行 銷 企 畫／張莉滎、蕭羽猜、黃欣

發　　行　　人／何飛鵬
法 律 顧 問／元禾法律事務所王子文律師
出　　　　版／布克文化出版事業部
　　　　　　　台北市中山區民生東路二段 141 號 8 樓
　　　　　　　電話：(02)2500-7008　傳真：(02)2502-7676
　　　　　　　Email：sbooker.service@cite.com.tw
發　　　　行／英屬蓋曼群島商家庭傳媒股份有限公司城邦分公司
　　　　　　　台北市中山區民生東路二段 141 號 2 樓
　　　　　　　書虫客服務專線：(02)2500-7718；2500-7719
　　　　　　　24 小時傳真專線：(02)2500-1990；2500-1991
　　　　　　　劃撥帳號：19863813；戶名：書虫股份有限公司
　　　　　　　讀者服務信箱：service@readingclub.com.tw
香 港 發 行 所／城邦（香港）出版集團有限公司
　　　　　　　香港灣仔駱克道 193 號東超商業中心 1 樓
　　　　　　　電話：+852-2508-6231　傳真：+852-2578-9337
　　　　　　　Email：hkcite@biznetvigator.com
馬 新 發 行 所／城邦（馬新）出版集團 Cité (M) Sdn. Bhd.
　　　　　　　41, Jalan Radin Anum, Bandar Baru Sri Petaling,
　　　　　　　57000 Kuala Lumpur, Malaysia
　　　　　　　電話：+603- 9057-8822　　傳真：+603- 9057-6622
　　　　　　　Email：cite@cite.com.my
印　　　　刷／韋懋實業有限公司
初　　　　版／2022 年 09 月
定　　　　價／380 元
I　S　B　N／978-626-7126-75-2
E　I　S　B　N／978-626-7126-76-9（EPUB）

城邦讀書花園　布克文化
www.cite.com.tw　www.sbooker.com.tw